U0642966

电气专业系列培训教材

电力电子技术

主 编 李春玲 李林琳 董 恒

参 编 王 力 王文轩 赵笑林 云 在

中国电力出版社
CHINA ELECTRIC POWER PRESS

内 容 提 要

本书为衡真教育集团组织编写的系列图书之一,全书共分七章,包括概述、电力电子器件、整流电路、逆变电路、直流—直流变流电路、交流—交流变流电路和 PWM 控制技术。

本书主要作为相关考试参考教材,也可作为电气工程及其自动化专业、自动化专业、测控专业、通信专业、计算机专业等,以及其他电气、电子相关专业的教材,也可供有关工程技术人员参考。

图书在版编目(CIP)数据

电力电子技术/李春玲,李林琳,董恒主编.

北京:中国电力出版社,2025.6(2025.10重印).-- ISBN 978-7-5239-0181-6

Ⅰ. TM76

中国国家版本馆 CIP 数据核字第 2025K81S93 号

出版发行:中国电力出版社

地　　址:北京市东城区北京站西街 19 号（邮政编码 100005）

网　　址:http://www.cepp.sgcc.com.cn

责任编辑:罗晓莉（010—63412547）

责任校对:黄　蓓　王海南

装帧设计:赵姗姗

责任印制:吴　迪

印　　刷:北京雁林吉兆印刷有限公司

版　　次:2025 年 6 月第一版

印　　次:2025 年 10 月北京第二次印刷

开　　本:787 毫米×1092 毫米　16 开本

印　　张:8.5

字　　数:208 千字

定　　价:34.00 元

编委会

前言

　　电气工程及其自动化专业是强电（电为能量载体）与弱电（电为信息载体）相结合的专业，要求掌握电机学、电力电子技术、电力系统基础、高电压技术、供配电与用电技术等核心内容。为了帮助学生高效完成专业学习，衡真教育集团组织编写了《电机学》《电力系统分析》《继电保护原理》《高电压技术》《电路原理》《电力电子技术》和《电气设备及主系统》和《现代电力系统分析》八种教材。

　　本系列教材旨在帮助读者梳理相关课程知识点，进一步提升理论知识水平。希望本系列教材能为电气工程及其自动化领域的学习者提供基础理论与核心知识，助力读者夯实基础，通晓理论。

　　本系列教材具有如下特点：

　　（1）内容全面，精准对接电气专业课程需求，涵盖必备学科知识，并融入相关考试要点，助力学习与考前冲刺。

　　（2）指导性强，在内容安排上针对专业学习和相关考试内容进行精挑细选，确保紧扣专业核心知识。紧跟行业动态，随相关考试大纲变动更新教材内容，确保教材教学内容始终与时俱进。

　　（3）注重互动性，包含精选习题、笔记区等互动元素，调动读者积极思考所学知识，辅助读者更好理解和掌握知识框架，供读者进行自我检测，加深知识理解程度实现知识点汇总，提供不同层次的互动体验。配合衡真教育集团的在线题库系统可巩固所学知识，感兴趣的读者可以前往练习。

　　（4）注重可读性，语言文字表达清晰，图表插图辅助说明，使得复杂的概念易于理解，提高读者的阅读兴趣。

　　（5）逻辑性强，按照由浅入深、由易到难的原则编写，清晰地解释各个知识点之间的关联，内容组织严谨，逻辑清晰，有助于读者建立完整的知识体系，形成对知识的整体把握。

　　全书共七章，第 1 章主要介绍电力电子技术及其典型的应用领域；第 2 章主要介绍常见电力电子器件的原理及特性；第 3 章主要介绍可控整流电流的结构、工作原理及特性；第 4 章主要介绍逆变电路的结构、工作原理及特性；第 5 章主要介绍直流—直流变流电路的结构、工作原理及特性；第 6 章主要介绍交流—交流变流电路的结构、工作原理及特性；第 7 章主要介绍 PWM 控制技术。

　　本书在编写过程中，获得了衡真教研组全体教师的鼎力支持，并且参考借鉴了国内外多部电气工程领域的教材与专著。在此，我们向所有为本书贡献智慧和心血的老师们表达深深的谢意。

教材虽成，然仍存不足，受限于编者之水平与时间，或有疏漏，恳请读者不吝赐教，指正本书的不足之处。 我们深知学术之路永无止境，愿与读者携手共进，不断修正、完善。

编　者
2025 年 4 月

目录

第1章

概　　述

本章主要介绍电力电子技术的含义、电力电子技术的发展过程以及电力电子技术目前主要的应用领域。

1.1　什么是电力电子技术

1.1.1　电力电子技术的概念　A类考点

概念：电力电子技术就是应用于电力领域的电子技术。具体地说，电力电子技术就是使用电力电子器件对电能进行变换和控制的技术。目前所用的电力电子器件均由半导体制成，故也称电力半导体器件。

电力电子技术中所变换的"电力"和"电力系统"所指的"电力"是有一定差别的：

（1）两者都指"电能"，但后者更具体，特指电力网的"电力"，前者则更普遍些。

（2）电力电子技术所变换的"电力"，功率可以大到数百兆瓦甚至吉瓦，也可以小到数瓦甚至是毫瓦。

1.1.2　电力电子技术与信息电子技术　C类考点

（1）电子技术包括信息电子技术和电力电子技术两大分支。

信息电子技术主要用于信息的处理，而电力电子技术则主要用于电力变换，这是二者本质上的不同。

（2）信息电子技术包括模拟电子技术和数字电子技术两大分支。

（3）电力电子技术包括电力电子器件制造技术和变流技术两大分支。

电力电子器件的制造技术是电力电子技术的基础，而变流技术则是电力电子技术的核心。电力电子器件制造技术的理论基础是半导体物理，而变流技术的理论基础是电路理论。

变流技术：

1）变流技术也称为电力电子器件的应用技术，它包括用电力电子器件构成各种电力变换电路和对这些电路进行控制的技术，以及由这些电路构成电力电子装置和电力电子系统的技术。

2）"变流"不仅指交直流之间的变换，也包括直流变直流和交流变交流的变换。

1.1.3　电力变换的种类　A类考点

通常所用的电力有交流和直流两种。从公用电网直接得到的电力是交流，干电池得到的电力是直流。从这些电源得到的电力往往不能直接满足要求，需要进行电力变换。

电力变换通常可分为四大类：

交流变直流（AC-DC）：称为整流；

直流变交流（DC‑AC）：称为逆变；

直流变直流（DC‑DC）：是指一种电压（或电流）的直流变为另一种电压（或电流）的直流，可用直流斩波电路实现；

交流变交流（AC‑AC）：可以是电压或电力的变换，称为交流电力控制，也可以是频率或相数的变换。

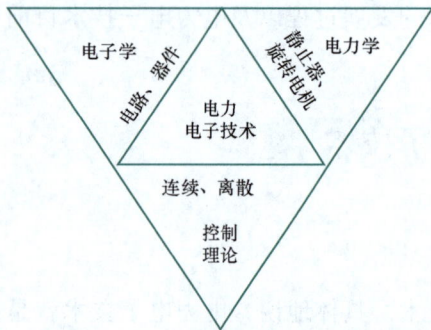

图 1‑1　描述电力电子学的倒三角

1.1.4　电力电子技术与相关学科之间的关系　C 类考点

电力电子学（power electronics）这一名称是在 20 世纪 60 年代出现的（比晶闸管的出现晚）。1974 年，美国学者 W. Newell 用图 1‑1 所示的倒三角形对电力电子学进行了描述，认为电力电子学是由电力学、电子学和控制理论三个学科交叉而形成的。这一观点被全世界普遍接受。

笔记

1.2　电力电子技术的发展史

1.2.1　电力电子技术的发展史　C 类考点

电力电子器件的重要性主要体现在以下 4 方面内容：

（1）电力电子器件的发展对电力电子技术的发展起着决定性的作用。

（2）电力电子技术的发展史是以电力电子器件的发展史为纲的，电力电子技术的发展史如图 1‑2 所示。

（3）一般认为，电力电子技术的诞生是以 1957 年美国通用电气公司研制出第一个晶闸管为标志的。

（4）晶闸管出现前的时期可称为电力电子技术的史前期或黎明期。

1.2.2　电力电子技术的发展阶段　C 类考点

1. 晶闸管时代

晶闸管由于其优越的电气性能和控制性能，使之很快就取代了水银整流器和旋转变流机组，并且其应用范围也迅速扩大。电力电子技术的概念和基础就是随着晶闸管及晶闸管变流

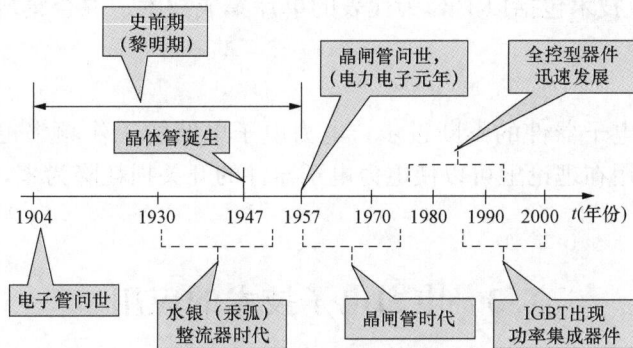

图 1-2　电力电子技术的发展史

技术的发展而确立的。

晶闸管的特点：

（1）晶闸管是通过对门极的控制能够使其导通而不能使其关断的器件，属于半控型器件。

（2）对晶闸管电路的控制方式主要是相位控制方式，简称相控方式。

（3）晶闸管的关断通常依靠电网电压等外部条件来实现。这就使得晶闸管的应用受到了很大的局限。

2. 全控型器件时代

20 世纪 70 年代后期，以门极可关断晶闸管（GTO）、电力双极型晶体管（BJT）和电力场效应晶体管（Power‐MOSFET）为代表的全控型器件迅速发展。

全控型器件的特点：

（1）通过对门极（基极、栅极）的控制既可使其开通又可使其关断。

（2）这些器件的开关速度普遍高于晶闸管，可用于开关频率较高的电路。

（3）采用全控型器件的电路的主要控制方式为脉冲宽度调制（PWM）方式。相对于相位控制方式，可称之为斩波控制方式，简称斩控方式。

PWM 控制技术在电力电子变流技术中占有十分重要的位置，它在逆变、直流斩波、整流、交流－交流控制等电力电子电路中均可应用。它使电路的控制性能大为改善，对电力电子技术的发展产生了深远的影响。

3. 复合型器件和电力电子集成电路（PIC）时代

在 20 世纪 80 年代后期，以绝缘栅极双极型晶体管（IGBT）为代表的复合型器件异军突起。

（1）IGBT 的特点

1）它是 MOSFET 和 BJT 的复合。

2）它把 MOSFET 的驱动功率小、开关速度快的优点和 BJT 的通态压降小、载流能力大、可承受电压高的优点集于一身，性能十分优越，成为现代电力电子技术的主导器件。

（2）电力电子集成电路（PIC）

1）把驱动、控制、保护电路和电力电子器件集成在一起，构成电力电子集成电路（PIC），这代表了电力电子技术发展的一个重要方向。

2）电力电子集成技术包括以 PIC 为代表的单片集成技术、混合集成技术以及系统集成技术。

4. 发展趋势

随着全控型电力电子器件的不断进步，电力电子电路的工作频率也不断提高。与此同时，软开关技术的应用在理论上可以使电力电子器件的开关损耗降为零，从而提高了电力电子装置的功率密度。

1.3   电力电子技术的应用

1.3.1   一般工业   C 类考点

1. 工业中大量应用的各种交直流电动机

（1）直流电动机

1）直流电动机有良好的调速性能。

2）为其供电的可控整流电源或直流斩波电源都是电力电子装置。

（2）交流电动机

1）近年来，由于电力电子变频技术的迅速发展，使得交流电动机的调速性能可与直流电动机相媲美，交流调速技术逐渐大量应用并占据了主导地位。大至数千千瓦的各种轧钢机，小到几百瓦的数控机床的伺服电动机，以及矿山牵引等场合都广泛采用电力电子交流调速技术。

2）一些对调速性能要求不高的大型鼓风机等近年来也采用了变频装置，以达到节能的目的。

3）还有些并不特别要求调速的电动机，为了避免起动时的电流冲击而采用了软起动装置，这种软起动装置也是电力电子装置。

2. 电化学工业

电化学工业大量使用直流电源，电解铝、电解食盐水等都需要使用大容量整流电源。电镀装置也需要使用整流电源。

3. 冶金工业

电力电子技术还大量用于冶金工业中的高频或中频感应加热电源、淬火电源及直流电弧炉电源等场合。

1.3.2   交通运输   C 类考点

电气化铁道中广泛采用电力电子技术包括：

（1）电气机车中的直流机车采用整流装置，交流机车采用变频装置。直流斩波器也被广泛用于铁道车辆。

（2）在磁悬浮列车中，电力电子技术更是一项关键技术。除牵引电动机传动外，车辆中的各种辅助电源也都离不开电力电子技术。

（3）电动汽车的电动机依靠电力电子装置进行电力变换和驱动控制，其蓄电池的充电也离不开电力电子装置。一台高级汽车中需要许多控制电动机，它们也要靠变频器和斩波器驱动并控制。

（4）飞机、船舶需要很多不同要求的电源和驱动，因此航空和航海都离不开电力电子技术。

（5）如果把电梯也算做交通运输，那么它也需要电力电子技术。以前的电梯大都采用直流调速系统，而近年来交流变频调速已成为主流。

1.3.3 输配电系统 A 类考点

1. 高压直流输电

高压直流输电（High Voltage DC Transmission，HVDC）是电力电子技术在电力系统中最早开始应用的领域。

高压直流输电系统典型结构如图 1-3 所示。

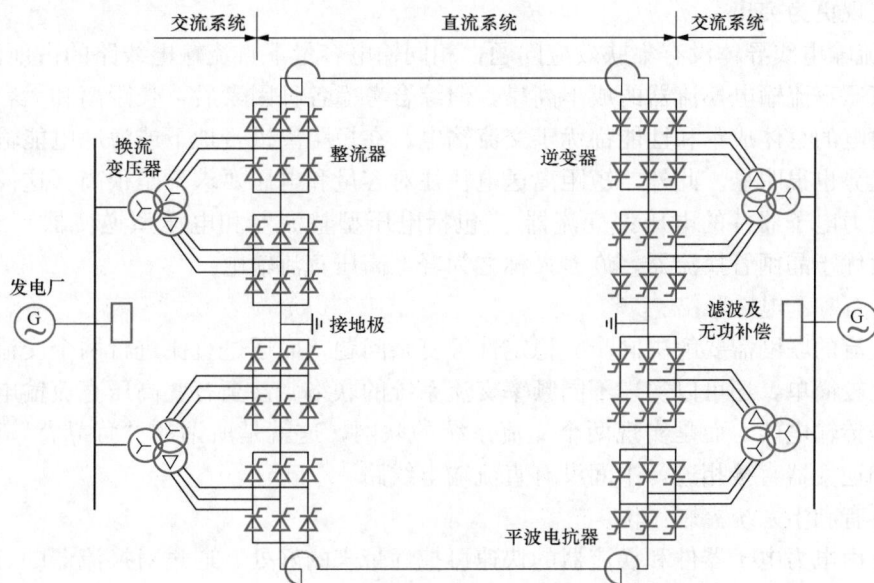

图 1-3 高压直流输电系统的典型结构

（1）电能由发电厂中的交流发电机提供，再由变压器（这里称之为换流变压器）将电压升高后送到晶闸管整流器。

（2）在送电端由晶闸管整流器将高压交流变为高压直流，经直流输电线路输送到电能的接受端。

（3）在接受端电能又经过晶闸管逆变器由直流变回交流，再经变压器降压后配送到各个用户。

这里的整流器和逆变器一般都称为换流器；为了能承受高电压，换流器中每个晶闸管符号实际上往往都代表多个晶闸管器件串联，我们称之为晶闸管阀。

（4）图 1-3 所示的是高压直流输电系统中较典型的采用十二脉波换流器的双极高压直流输电线路。

（5）双极高压直流输电：

1）其输电线路两端的每端都由两个额定电压相等的换流器串联连接。

2）具有两根传输导线，分别为正极和负极，每端两个换流器的串联连接点接地。

3）线路的两极相当于各自独立运行，正常时以相同的电流工作，接地点之间电流为两极电流之差，正常时地中仅有很小的不平衡电流流过。

4）当一极停止运行时，另一极以大地作回路还可以带一半的负载，这样就提高了运行的可靠性，也有利于分期建设和运行维护。

（6）单极高压直流输电系统只用一根传输导线（一般为负极），以大地或海水作为回路。

与高压交流输电相比，高压直流输电具有如下优势：

（1）更有利于进行远距离和大容量的电能传输或者海底或地下电缆传输。

1）直流输电的输电容量和最大输电距离不像交流输电那样受输电线路的感性和容性参数的限制。

2）交流输电受输电线路感性和容性参数限制的问题在进行地下或海底传输因而必须使用电缆时表现更为突出。

3）直流输电线导体没有集肤效应问题，相同输电容量下直流输电线路的占地面积也小。

尽管高压直流输电换流器的成本高昂，但综合考虑各种因素后，长距离和大容量电能输送中直流输电的总体成本和性能都优于交流输电。在短距离进行地下或海底电能输送中，直流输电的优势也很明显。此外，短距离送电往往对容量和电压要求不是很高，这使得采用基于全控型电力电子器件的电压型变流器（包括电压型整流器和电压型逆变器）成为可能，其性能全面优于晶闸管换流器，许多人称之为轻型高压直流输电。

（2）更有利于电网联络。

因为交流的联网需要解决同步、稳定性等复杂问题，而通过直流进行两个交流系统之间的连接则比较简单，还可以实现不同频率交流系统的联络。甚至有些高压直流输电工程的目的主要不是传输电能，而是实现两个交流系统的联网，这就是所谓的"背靠背"直流工程，即整流器和逆变器直接相连，中间没有直流输电线路。

（3）更有利于系统控制。

主要是由电力电子器件和换流器的快速可控性带来的好处。通过对换流器的有效控制可以实现对传输的有功功率的快速而准确地控制，还能阻尼功率振荡、改善系统的稳定性、限制短路电流。

高压直流输电的缺点：直流输电的换流站比交流变电站设备多、造价高、结构复杂、运行费用高。

（1）换流工作时需要消耗较多的无功，需要进行无功补偿。

（2）换流器工作时，在直流侧和交流侧均产生谐波，必须设滤波器，使换流站的造价、占地面积和运行费用大幅度提高。

（3）直流电流没有电流的过零点，灭弧较难。因此高压直流断路器制造困难，不能形成直流电网。

（4）直流输电利用大地（水）为回路产生会产生一系列技术性问题。

2．柔性直流输电

柔性直流输电技术（又称为轻型直流输电）是一种以电压源换流器、自关断器件和脉宽调制（PWM）技术为基础的新型直流输电技术，该输电技术具有可向无源网络供电、不会出现换相失败、换流站间无需通信以及易于构成多端直流系统等优点。柔性直流输电作为新一代直流输电技术，其在结构上与高压直流输电类似，仍是由换流站和直流输电线路构成。柔性直流输电与传统高压直流输电的区别如表1-1所示。

表1-1　　　　　　　　　　　　柔性直流输电与传统高压直流输电的区别

比较内容	高压直流输电	柔性直流输电
核心电力电子器件	半控型器件，晶闸管	全控型器件，如 IGBT
可否向无源系统供电	不能	能
有无换相失败风险	交流系统故障可能导致换相失败	无
是否需要无功补偿	需要，设备多	不需要或设备少
有功和无功功率控制	不能独立控制	可以独立控制
实现多端的难易程度	难	易
设备成本	低	高
换流站容量	大	小

3. 无功功率控制　C类考点

在电力系统中，对无功功率的控制是非常重要的。通过对无功功率的控制，可以提高功率因数，稳定电网电压，改善供电质量。

1）无功补偿电容器是传统的无功补偿装置，其阻抗是固定的，不能跟踪负荷无功需求的变化，也就是不能实现对无功功率的动态补偿。

2）传统的无功功率动态补偿装置是同步调相机。由于它是旋转电机，具有损耗和噪声较大，运行维护复杂，响应速度慢的缺点。

3）20世纪70年代以来，同步调相机开始逐渐被静止无功补偿装置（SVC）所取代。20世纪80年代以来，一种更为先进的静止型无功补偿装置出现，这就是采用自换相变流电路的静止无功发生器（SVG），也有人简称为静止补偿器（STATCOM）。

4）静止无功补偿装置（SVC）往往是专指使用晶闸管器件的静补装置，包括晶闸管控制电抗器（TCR）和晶闸管投切电容器（TSC），以及这两者的混合装置（TCR+TSC），或者晶闸管控制电抗器与固定电容器（FC）或机械投切电容器（MSC）混合使用的装置（如TCR+FC、TCR+MSC等）。

下面就电力电子技术应用于电力系统无功功率控制的几种典型装置简单加以介绍。

（1）晶闸管投切电容器（TSC）

1）TSC基本原理根据电网对无功的需求容量而使用交流电力电子开关投入或切除电容器，成为断续可调的动态无功补偿器。

2）图1-4给出TSC单相电路，实际常用的是三相电路，可以是三角形联结也可以是星形联结。

3）实际工程中，为避免容量较大的电容器组同时投入或切断会对电网造成较大冲击，一般把电容器分成几组，如图1-4（b）所示。

4）TSC运行时选择晶闸管投入时刻的原则是，该时刻交流电源电压应和电容器预先充电的电压相等。

（2）晶闸管控制电抗器（TCR）

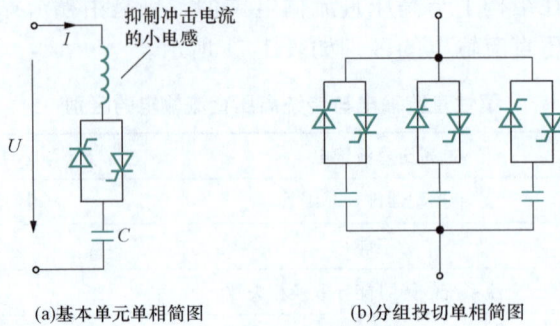

(a)基本单元单相简图　　　　(b)分组投切单相简图

图 1-4　TSC 单相电路

1）晶闸管控制电抗器（TCR）是晶闸管交流调压电路带电感负载的一个典型应用。图 1-5 所示为 TCR 的典型电路，可以看出这是支路控制三角形联结方式的晶闸管三相交流调压电路。

2）图 1-5 中的电抗器中所含电阻很小，可以近似看成纯电感负载，因此触发角 α 的移相范围为 $90°\sim 180°$。

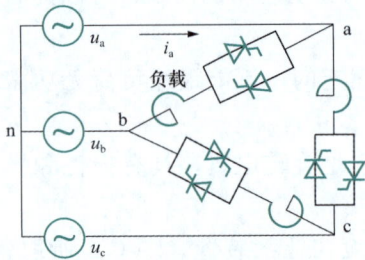

图 1-5　晶闸管控制电抗器
（TCR）典型电路

3）通过对 α 的控制，可以连续调节流过电抗器的电流，从而调节电路从电网中吸收的无功功率。如配以固定电容器，则可以在从容性到感性的范围内连续调节无功功率。

（3）静止无功发生器（SVG）

1）随着电力电子器件的发展，GTO 等自关断器件逐渐成为 SVG 的自换相桥式电路中的主力。

2）SVG 分为采用电压型桥式电路和电流型桥式电路，SVG 的电路基本结构如图 1-6 所示。对于电压型桥式电路，还需再串联上连接电抗器才能并入电网；对于电流型桥式电路，还需在交流侧并联上吸收换相产生的过电压的电容器。

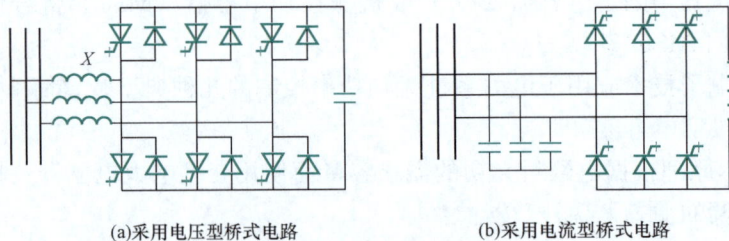

(a)采用电压型桥式电路　　　　(b)采用电流型桥式电路

图 1-6　SVG 的电路基本结构

3）和传统的 SVC 相比，SVG 的运行范围要大。其次 SVG 调节速度更快，而且在采取多重化或 PWM 技术措施后大大减少了补偿电流中的谐波含量。SVG 中使用的电抗器和电容元件远比 SVC 中使用的电抗器和电容要小，大大缩小了装置的体积和成本。

4. 电力系统的谐波抑制　C 类考点

谐波会对电力系统形成很大的危害，而传统的电力电子装置本身就是产生谐波的主要污染源。如何抑制电力电子装置和其他谐波源造成的电力系统谐波，基本思路有两条：一是装设补偿装置，设法补偿其产生的谐波；二是对电力电子装置本身进行改进，使其不产生谐波，同时也不消耗无功功率，或者根据需要能对其功率因数进行控制，即采用高功率因数变流器。

（1）装设 LC 调谐滤波器是传统的补偿谐波的主要手段。

（2）目前采用先进的电力电子装置进行谐波补偿，即为有源电力滤波器（APF）。

（3）与 LC 无源滤波器相比，有源滤波器具有明显优越性能，能对变化的谐波进行迅速动态限踪补偿，而且补偿特性不受电网频率和阻抗的影响。

（4）有源电力滤波器的变流电路分为电压型和电流型。从与补偿对象的连接方式来看，有源电力滤波器又可分为并联型和串联型。有源电力滤波器的变流电路如图 1-7 所示。

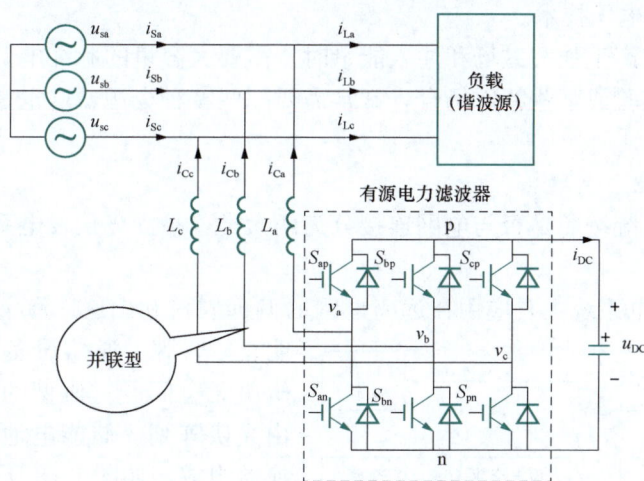

图 1-7　有源电力滤波器的变流电路

5. 电能质量控制　C 类考点

应用电力电子技术不仅可以有效地控制无功功率从而保障系统电压的幅度，可以补偿谐波从而保障供电电压的波形，而且可以解决不对称、电压幅度暂低和电压闪变等各种稳态和暂态的电能质量问题，这被称为采用电力电子装置的电能质量控制技术。用于电能质量控制的典型电力电子装置包括用来控制无功功率的静止无功补偿器（SVC）和静止无功发生器（SVG），用来补偿谐波的有源电力滤波器（APF），用来补偿电压暂低的动态电压恢复器（DVR），以及用来综合补偿多种电能质量问题的串联型电能质量控制器、并联型电能质量控制器和通用电能质量控制器（UPQC）等。

6. 柔性交流输电　C 类考点

将电力电子技术应用于交流输电系统中，可以显著增强对系统的控制能力、大幅提高系统的输电能力，这就是所谓的柔性交流输电系统（Flexible AC Transmission，FACTS）。除了前面已提到的静止无功补偿器和静止无功发生器外，柔性交流输电系统采用的典型电力电子装置还包括晶闸管投切串联电容器、晶闸管控制串联电容器和静止同步串联补偿器等可控串联补偿器，以及统一潮流控制器等。

在变电所中，给操作系统提供可靠的交直流操作电源，给蓄电池充电等都需要电力电子装置。

1.3.4 新能源发电和储能系统 A类考点

传统的发电方式有火力发电、水力发电两种。能源危机后，各种新能源、可再生能源及新型发电方式越来越受到重视。其中风力发电、太阳能发电的发展最为迅速，燃料电池更是备受关注。太阳能发电和风力发电受环境的制约，发出的电力质量较差，常需要储能装置缓冲，需要改善电能质量，这就需要电力电子技术。当需要和电力系统联网时，更离不开电力电子技术。

为了合理地利用水力发电资源，近年来抽水储能发电站受到重视。其中大型电动机的起动和调速都需要电力电子技术。超导储能是未来的一种储能方式，它需要强大的直流电源供电，这也离不开电力电子技术。

核聚变反应堆在产生强大磁场和注入能量时，需要大容量的脉冲电源，这种电源就是电力电子装置。科学实验或某些特殊场合，常常需要一些特种电源，这也是电力电子技术的用武之地。

1. 光伏发电系统

（1）光伏发电系统按照是否与电网连接分为两大类：独立光伏发电系统和光伏并网发电系统。

1）独立光伏发电系统主要应用在远离电网的偏远农村和山区、海上岛屿、城市街灯照明、广告牌、通信设备等，其主要目的是解决无电问题。典型的独立光伏发电系统由光伏阵列、储能电池和多种电力电子变换器组成，如图1-8所示。

图1-8 典型的独立光伏发电系统

2）目前光伏发电系统主流应用方式是光伏并网发电。光伏系统通过并网逆变器与当地电网连接，通过电网将光伏系统所发的电能进行再分配，如供当地负载或进行电力调峰等。光伏并网系统通常由光伏阵列、直流—交流变换器和交流电网三部分组成，如图1-9所示。

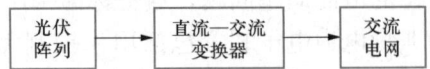

（2）光伏发电系统根据储能单元连接母线类型可分为直流母线型和交流母线型。

图1-9 典型的光伏并网发电系统

1）直流母线型是光伏阵列和储能单元通过各自的DC-DC变换器并联在公共直流母线上，如图1-10（a）所示。

2）交流母线型是光伏阵列和储能单元通过各自的DC-AC逆变器并联在交流电网上，如图1-10（b）所示。

（3）并网光伏发电系统根据电力电子变换电路自身特点可分为单级电路拓扑和两（多）级电路拓扑。

1）单级电路拓扑结构是指光伏阵列直接通过DC-AC变流器、工频升压变压器与电网相连，如图1-11（a）所示，通常用于三相中大功率场合。它具有效率高、成本低、可靠性高等优点，且实现了电气隔离功能。

(a)直流母线型

(b)交流母线型

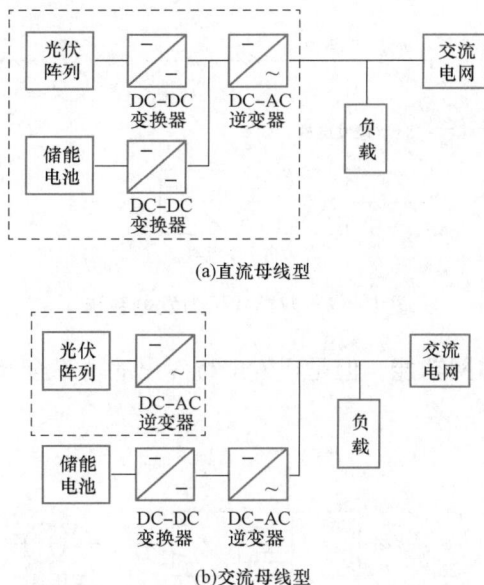

图 1-10　含储能环节的光伏并网发电系统

2）对于两（多）级电路拓扑结构，前级是实现最大功率点跟踪的 DC-DC 变换电路、后级是实现并网功能的逆变电路，如图 1-11（b）所示，通常用于中小功率场合。两级电路拓扑结构大多属于非隔离型电路拓扑，多级电路拓扑结构大多属于高频隔离电路拓扑。这种电路拓扑结构的优点是 MPPT 控制与并网控制通过软硬件电路进行解耦，控制简单明了，同时体积小、质量轻、噪声小、效率高；缺点是电路级数越多，效率越低，可靠性也越低。

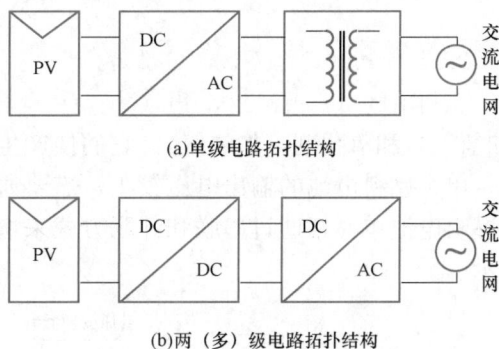

(a)单级电路拓扑结构

(b)两（多）级电路拓扑结构

图 1-11　按电力电子变换电路的自身特点分类

2. 风力发电系统

风力发电系统主要包括桨叶、变速箱、发电机、电力电子变流器等，将产生的电能送到公用电网。

常用的大型风力发电机有：双馈感应发电机（DFIG）、永磁同步发电机（PMSG）。

（1）双馈感应发电机

双馈式风力发电系统如图 1-12 所示。发电机的定子通过一个隔离变压器直接连接到公共电网上。发电机转子通过一个 AC-DC-AC 背靠背变流器与电网相连。其中，转子侧变流器用来控制发电机的转子电流，而电网侧变流器控制直流母线电压和电网侧的功率因数。转子侧控制转差功率，并根据双馈发电机定子参考信号同步转子电流。

（2）永磁同步发电机

如图 1-13 所示的使用双 PWM 变流器的永磁同步风力发电系统能够工作在很高功率下。发电机在间歇风的情况下被控制，以获得最大功率和最高效率。基于 PMSG 的风力发电机在处理电网扰动方面有较好的性能。风机侧变流器通过调节发电机转速，实现最大功率

11

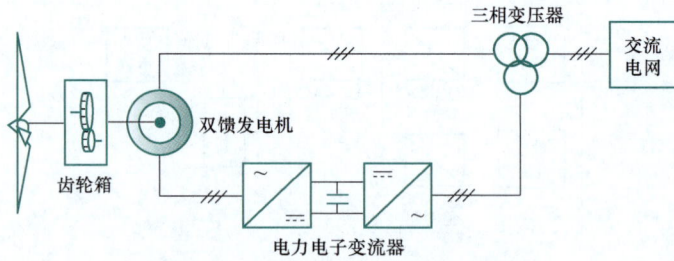

图 1-12 双馈式风力发电系统

跟踪，电网侧变流器实现并网功能。但是，发电机发出的功率全部需要通过电力电子变换器流入电网。

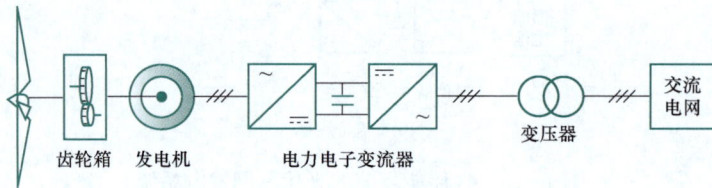

图 1-13 使用双 PWM 变流器的永磁同步风力发电系统

3. 燃料电池发电系统 C 类考点

燃料电池（Full Cells，FC）是使用化学反应来产生电能的电化学装置。只要供给燃料（如氢气）和氧化剂（如氧气），它们便产生直流电，同时产生水和热量。

单个燃料电池的输出电压较小，需要通过 DC - DC 升压变换器进行输出调节。此外，数个燃料电池单元常通过串联和并联方式来增加输出功率，燃料电池直流系统框图如图 1 - 14 所示。

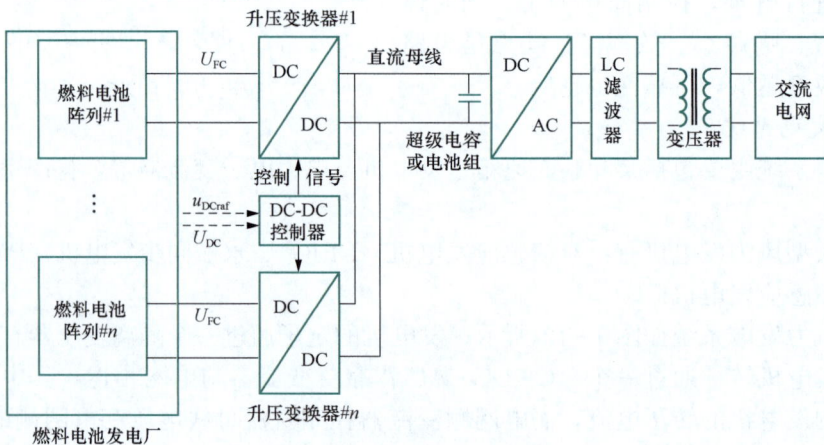

图 1-14 燃料电池直流系统框图

4. 电池储能系统 C 类考点

储能系统为电力系统提供电能的存储环节，能够提高电力系统供电可靠性和运行稳定性，在电力系统负荷调峰、可再生能源接入与消纳、区域电网紧急供电中发挥积极作用。

储能系统包含电力储能单元与功率变换系统两部分。

（1）储能单元的实现技术包括以电池为代表的电化学储能技术、以抽水储能和飞轮储能为代表的机械能储能技术。

（2）功率变换系统将储能单元接入直流或交流电网，实现充电、放电需求下功率的双向传输。

（3）功率变换系统典型代表为双向 DC-DC、双向 DC-AC 变换器。

以电池接入直流供电系统为例，电池输出电动势相对供电系统母线电压较低，且该电动势随电池的荷电状态变化，因而需要功率变换系统提供电压调节与电流控制的功能。连接直流母线的功率变换器常采用双向 DC-DC 变换器的拓扑结构，可分为非隔离型与隔离型两类，如图 1-15 所示。

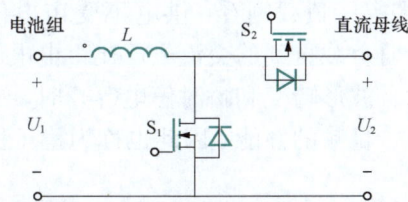

(a)非隔离型双向DC-DC变换器拓扑

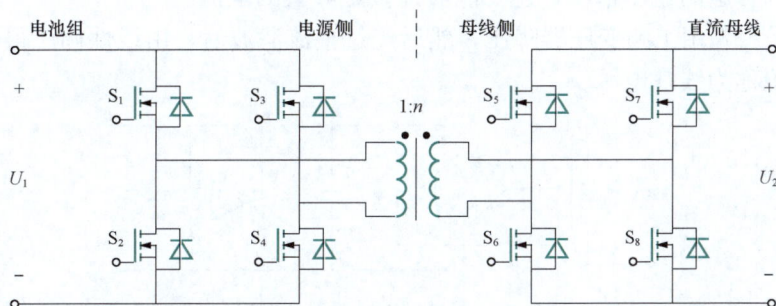

(b)隔离型双向DC-DC变换器拓扑

图 1-15　双向 DC-DC 变换器拓扑结构

1.3.5　其他应用　C 类考点

1. 电力电子装置电源

各种电子装置一般都需要不同电压等级的直流电源供电。通信设备中的程控交换机所用的直流电源以前用晶闸管整流电源，现在已改为采用全控型器件的高频开关电源。大型计算机所需的工作电源、微型计算机内部的电源现在也都采用高频开关电源。在各种电子装置中，以前大量采用线性稳压电源供电，由于高频开关电源体积小、质量轻、效率高，现在已逐渐取代了线性电源。因为各种信息技术装置都需要电力电子装置提供电源，所以可以说信息电子技术离不开电力电子技术。在有大型计算机等场合，常常需要不间断电源（UPS）供电，不间断电源实际就是典型的电力电子装置。

（1）不间断电源

不间断电源 UPS 是当交流输入电源（习惯称为市电）发生异常或断电时，还能继续向负载供电，并能保证供电质量，使负载供电不受影响的装置。广义地说，UPS 包括输出为直流和交流两种情况，目前通常是指输出为交流的情况。UPS 是恒压恒频（CVCF）电源中的主要产品之一。

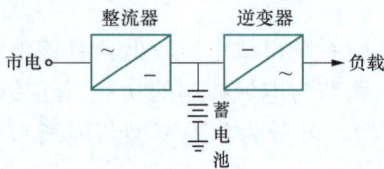

图 1-16　UPS 最基本结构原理图

UPS 最基本结构原理如图 1-16 所示。其基本工作原理是，当市电正常时，市电经整流器整流为直流给蓄电池充电，可保证蓄电池的电量充足。一旦市电异常甚至停电，即由蓄电池向逆变器供电，蓄电池的直流电经逆变器变换为恒频恒压交流电继续向负载供电，因此从负载侧看，供电不受市电停电的影响。在市电正常时，负载也可以由逆变器供电，此时负载得到的交流电压比市电电压质量高，即使市电发生质量问题（如电压波动、频率波动、波形畸变和瞬时停电等）时，也能获得正常的恒压恒频的正弦波交流输出，并且具有稳压、稳频的性能，因此也称为稳压稳频电源。

（2）开关电源

在各种电子设备中，需要多路不同电压供电，如数字电路需要 5V、3.3 V、2.5V 等，模拟电路需要 ± 12V、±15V 等，这就需要专门设计电源装置来提供这些电压，通常要求电源装置能达到一定的稳压精度，还要能够提供足够大的电流。

图 1-17 采用先用工频变压器降压，然后经过整流滤波后，由线性调压得到稳定的输出电压。这种电源称为线性电源。

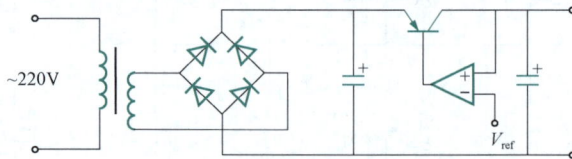

图 1-17　线性电源的基本结构

图 1-18 采用先整流滤波、后经高频逆变得到高频交流电压，然后由高频变压器降压、再整流滤波的办法。这种采用高频开关方式进行电能变换的电源称为开关电源。开关电源在效率、体积和质量等方面都远远优于线性电源，因此已经基本取代了线性电源，成为电子设备供电的主要电源形式。只有在一些功率非常小，或者要求供电电压纹波非常小的场合，还在使用线性电源。

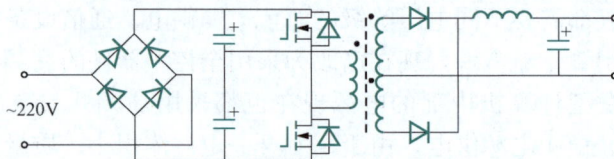

图 1-18　半桥型开关电源电路结构

2. 功率因数校正技术

通常，开关电源的输入级采用二极管构成的不可控容性整流电路。这种电路的优点是结构简单、成本低、可靠性高，但缺点是输入电流不是正弦波。

解决这一问题的技术就是对电流脉冲的幅度进行抑制，使电流波形尽量接近正弦波，这一技术称为功率因数校正（PFC）。根据采用的具体方法不同，可以分成无源功率因数校正和有源功率因数校正两种。

无源功率因数校正技术通过在二极管整流电路中增加电感、电容等无源元件和二极管元件，对电路中的电流脉冲进行抑制，以降低电流谐波含量，提高功率因数。

有源功率因数校正技术（APFC）（如图 1-19 所示）采用全控开关器件构成的开关电路对输入电流的波形进行控制，使之成为与电源电压同相的正弦波，总谐波含量可以降低至 5% 以下，而功率因数能高达 0.995，彻底解决整流电路的谐波污染和功率因数低的问题，从而满足现行最严格的谐波标准，因此其应用越来越广泛。

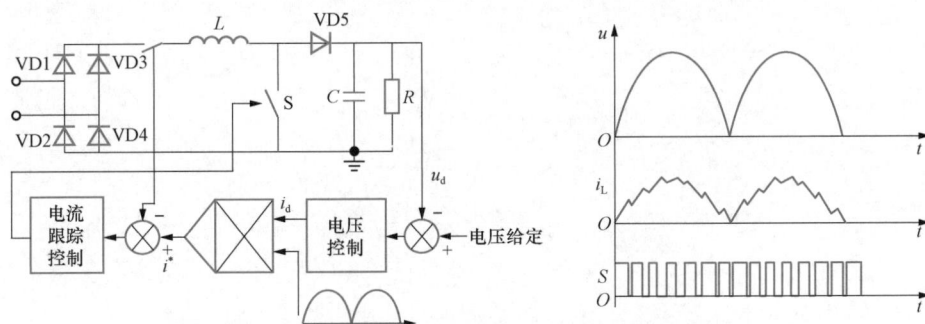

图 1-19　典型的单相有源 PFC 电路及其主要波形

3. 家用电器

照明在家用电器中占有十分突出的地位。由于电力电子照明电源体积小、可节省大量能源，通常采用电力电子装置的光源被称为"节能灯"，它正在逐步取代传统的白炽灯和荧光灯。

变频空调器是家用电器中应用电力电子技术的典型例子。电视机、音响设备、家用计算机等电子设备的电源部分也都需要电力电子技术。此外，不少洗衣机、电冰箱、微波炉等电器也应用了电力电子技术。

4. 航天

航天飞行器中的各种电子仪器需要电源，载人航天器中为了人的生存和工作，也离不开各种电源，这些都必须采用电力电子技术，如图 1-20 所示。

1.3.6　小结　C 类考点

图 1-20　载人飞行器

以前电力电子技术的应用偏重于中、大功率。现在，在 1kW 以下，甚至几十瓦以下的功率范围内，电力电子技术的应用也越来越广，其地位也越来越重要。这已成为一个重要的发展趋势，值得引起人们的注意。

总之，电力电子技术的应用范围十分广泛。从人类对宇宙和大自然的探索，到国民经济的各个领域，再到我们的衣食住行，到处都能感受到电力电子技术的存在和巨大魅力。这也激发了一代又一代的学者和工程技术人员学习、研究电力电子技术并使其飞速发展。

电力电子装置提供给负载的是各种不同的直流电源、恒频交流电源以及变频交流电源，因此也可以说，电力电子技术研究的就是电源技术。电力电子技术对节省电能有重要意义，特别在大型风机、水泵采用变频调速方面，在使用量十分庞大的照明电源等方面，电力电子技术的节能效果十分显著，因此它也被称为是节能技术。

笔记

习题

1.（多选题）电力电子技术的作用为（　　　　）。

A. 消耗电能　　　　　　　　　　　　B. 控制电能

C. 变换电能　　　　　　　　　　　　D. 产生电能

2.（多选题）电力电子技术的两大分支包括（　　　）。

A. 模拟电子技术　　　　　　　　　　B. 数字电子技术

C. 电力电子器件制造技术　　　　　　D. 变流技术

3.（判断题）交—交变频不属于电力电子变流技术。（　　　）

A. 正确　　　　　　　　B. 错误

4.（多选题）关于高压直流输电的说法错误的是（　　　）。

A. 在送电端的换流站，电能由变压器将电压升高后送到晶闸管逆变器

B. 在受端电能又经过晶闸管整流器由直流变回交流

C. 较典型的采用 6 脉波换流器的双极高压直流输电线路

D. 换流器中每个晶闸管符号实际上往往都代表多个晶闸管器件并联

5.（单选题）关于轻型直流输电技术，下列说法正确的是（　　　）。

A. 采用的是电流源型换流器　　　　　B. 采用半控型器件

C. 不能向无源网络供电　　　　　　　　　　D. 采用的是 PWM 技术

6.（多选题）用于电能质量控制的典型电力电子装置包括（　　）。

A. 静止无功补偿器（SVC）　　　　　　　　B. 静止无功发生器（SVG）

C. 有源电力滤波器（APF）　　　　　　　　D. 动态电压恢复器（DVR）

7.（单选题）不间断电源 UPS 主要是由（　　）组成的。

A. 整流电路和逆变电路　　　　　　　　　　B. 整流电路和调压电路

C. 逆变电路和交—交变频电路　　　　　　　D. 交—交变频电路和直流斩波电路

8.（多选题）光伏并网发电若通过先送入直流电网后再并入交流电网的方式运行，则需要（　　）变换装置和（　　）变换装置。

A. 直流—直流　　　　　　　　　　　　　　B. 交流—交流

C. 直流—交流　　　　　　　　　　　　　　D. 交流—直流

9.（单选题）在双馈感应式风力发电机并网系统中，转子侧变流器的组成包括（　　）。

A. 逆变和直流斩波　　　　　　　　　　　　B. 整流和变频

C. 整流和逆变　　　　　　　　　　　　　　D. 逆变和变频

10.（判断题）电池储能系统中功率变换系统典型代表为双向 DC‐DC、双向 AC‐AC 变换器。（　　）

A. 正确　　　　　　　　B. 错误

第2章

电 力 电 子 器 件

本章在对电力电子器件的概念、特点和分类等问题作简要概述之后，分别介绍了几种主要电力电子器件的工作原理、基本特性、主要参数，其中包括不可控的电力二极管、半控的晶闸管和四种全控型器件，如门极可关断晶闸管（GTO）、电力晶体管（GTR）、电力场效应晶体管（Power MOSFET）、绝缘栅双极型晶体管（IGBT）等。

2.1 电力电子器件概述

2.1.1 电力电子器件的概念和特征 A类考点

1. 概念

主电路：在电气设备或电力系统中，直接承担电能的变换或控制任务的电路。

电力电子器件：可直接用于主电路中，实现电能的变换或控制的电子器件。

2. 特征

由于电力电子器件直接用于处理电能的主电路，因而同处理信息的电子器件相比，它一般具有如下特征：

（1）电力电子器件所能处理电功率的大小，即承受电压和电流的能力，是其最重要的参数，其处理电功率的能力小至毫瓦级，大至兆瓦级，一般都远大于处理信息的电子器件。

（2）因为处理的电功率比较大，为了减小本身的损耗，提高效率，电力电子器件一般都工作在开关状态。导通时（通态）器件阻抗很小，接近于短路，管压降接近于零，而电流由外电路决定。阻断时（断态）器件阻抗很大，接近于断路，电流几乎为零，而管子两端电压由外电路决定。电力电子器件的动态特性（也就是开关特性）和参数，也是电力电子器件特性很重要的方面，有些时候甚至上升为第一位的重要方面。做电路分析时，为简单起见往往用理想开关来代替。

（3）在实际应用中，电力电子器件往往需要由信息电子电路来控制。由于电力电子器件所处理的电功率较大，因此普通的信息电子电路信号一般不能直接控制电力电子器件的导通或关断，需要一定的中间电路对这些控制信号进行适当的放大，这就是所谓的电力电子器件的驱动电路。

（4）尽管工作在开关状态，电力电子器件自身的功率损耗通常仍远大于信息电子器件。为保证其不至于因损耗散发的热量导致器件温度过高而损坏，不仅在器件封装上安装散热设计，在其工作时一般都需要安装散热器。这是因为电力电子器件在导通或者阻断状态下，并不是理想的短路或者断路。

2.1.2 电力电子器件功率损耗及软开关技术 C类考点

1. 功率损耗

通态损耗和断态损耗：导通时器件上有一定的通态压降，阻断时器件上有微小的断态漏电流流过。尽管其数值都很小，但分别与数值较大的通态电流和断态电压相作用，就形成了电力电子器件的通态损耗和断态损耗。

开关损耗：电力电子器件由断态转为通态（开通过程）或者由通态转为断态（关断过程）的转换过程中产生的损耗，分别称为开通损耗和关断损耗，总称开关损耗。

通常来讲，除一些特殊的器件外，电力电子器件的断态漏电流都极其微小，因而通态损耗是电力电子器件功率损耗的主要成因。当器件的开关频率较高时，开关损耗会随之增大而可能成为器件功率损耗的主要因素。

2. 软开关技术

电力电子电路中，器件开通和关断过程中的电压和电流波形如图 2-1 所示，开关过程中：

（1）电压、电流均不为零，出现了重叠，因此有显著的开关损耗；

（2）电压和电流变化的速度很快，波形出现了明显的过冲，从而产生了开关噪声。

这样的开关过程称为硬开关，主要的开关过程为硬开关的电路称为硬开关电路。

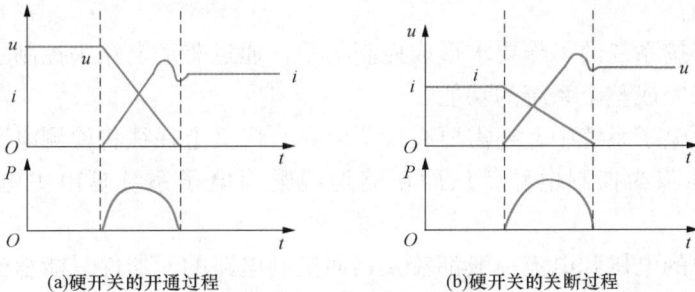

(a)硬开关的开通过程　　　　　(b)硬开关的关断过程

图 2-1　硬开关的开关过程

开关损耗与开关频率之间呈线性关系，因此当硬开关电路的工作频率不太高时，开关损耗占总损耗的比例并不大，但随着开关频率的提高，开关损耗就越来越显著，这时候必须采用软开关技术来降低开关损耗。

同硬开关电路相比，软开关电路在原电路中增加了小电感、电容等谐振元件，在开关过程前后引入谐振，从而消除了电压和电流的重叠，使得开关损耗大大减少。软开关的开关过程如图 2-2 所示。

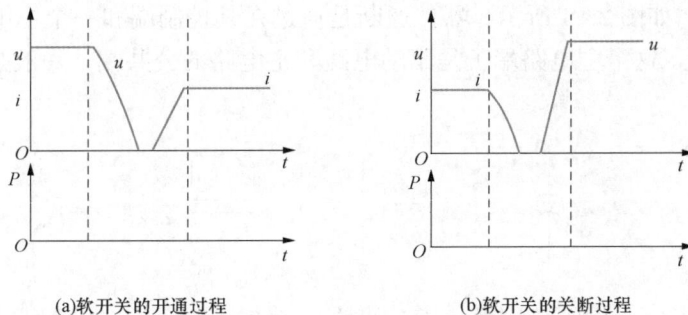

(a)软开关的开通过程　　　　　(b)软开关的关断过程

图 2-2　软开关的开关过程

软开关技术的作用：减小开关损耗、提高了电力电子装置的功率密度、降低开关噪声、进一步提高开关频率。

2.1.3 应用电力电子器件的系统组成 C类考点

电力电子系统：由控制电路、驱动电路和以电力电子器件为核心的主电路组成。电力电子器件在实际应用中的系统组成如图 2-3 所示。

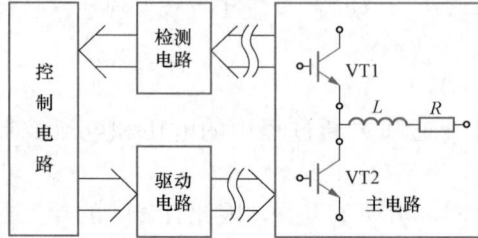

图 2-3 电力电子器件在实际应用中的系统组成

各部分的作用：

（1）控制电路按系统的工作要求形成控制信号，通过驱动电路去控制主电路中电力电子器件的通或断，来完成整个系统的功能。

（2）有的电力电子系统中，还需要有检测电路。广义上往往将检测电路和驱动电路等主电路之外的电路都归为控制电路，从而粗略地说电力电子系统是由主电路和控制电路组成的。

（3）主电路中的电压和电流一般都较大，而控制电路的元器件只能承受较小的电压和电流，因此在主电路和控制电路连接的路径上，如驱动电路与主电路的连接处，或者驱动电路与控制信号的连接处，以及主电路与检测电路的连接处，一般需要进行电气隔离，而通过其他手段如光、磁等来传递信号。

（4）由于主电路中往往有电压和电流的过冲，而电力电子器件一般比主电路中普通的元器件要昂贵，但承受过电压和过电流的能力却要差一些，因此，在主电路和控制电路中需要附加一些保护电路，以保证电力电子器件和整个电力电子系统正常可靠运行，也往往是非常必要的。

器件一般有三个端子（或称极或管角），其中两个连结在主电路中，而第三端被称为控制端（或控制极），如图 2-4 所示。器件通断是通过在其控制端和一个主电路端子之间加一定的信号来控制的，这个主电路端子是驱动电路和主电路的公共端，一般是主电路电流流出器件的端子。

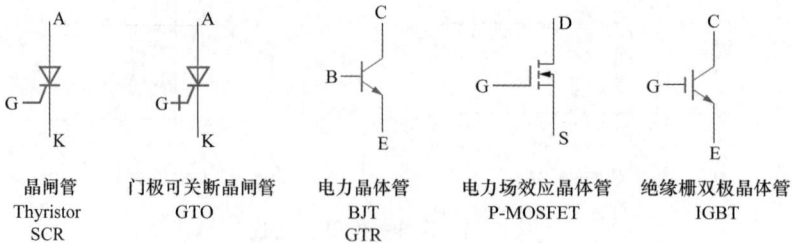

图 2-4 几种典型的电力电子器件

2.1.4 电力电子器件的分类 A 类考点

1. 按照电力电子器件能够被控制电路信号所控制的程度

（1）不可控器件

1）定义：不能用控制信号来控制其通断的电力电子器件，因此也就不需要驱动电路，又被称为不可控器件。

2）典型器件：电力二极管。

3）特点：这类器件只有两个端子，其基本特性与信息电子电路中的二极管一样，器件的导通和关断完全是由其在主电路中承受的电压和电流决定的。

（2）半控型器件

1）定义：通过控制信号可以控制其导通而不能控制其关断的电力电子器件被称为半控型器件。

2）典型器件：主要是指晶闸管（Thyristor）及其大部分派生器件。

3）特点：这类器件的关断完全是由其在主电路中承受的电压和电流决定的。

（3）全控型器件

1）定义：通过控制信号既可以控制其导通，又可以控制其关断的电力电子器件被称为全控型器件。

2）典型器件：目前最常用的是绝缘栅双极晶体管（IGBT）和电力场效应晶体管（电力MOSFET）。

3）特点：与半控型器件相比，可以由控制信号控制其关断，因此又称为自关断器件。

2. 按照驱动电路加在电力电子器件控制端和公共端之间的有效信号的性质

（1）电流驱动型器件

1）定义：如果是通过从控制端注入或者抽出电流来实现导通或者关断的控制，这类电力电子器件被称为电流驱动型电力电子器件，或者电流控制型电力电子器件。

2）典型器件：晶闸管、GTO、GTR。

3）特点：控制极输入阻抗低，驱动电流及驱动功率较大，驱动电路也比较复杂。

（2）电压驱动型器件

1）定义：如果是仅通过在控制端和公共端之间施加一定的电压信号就可实现导通或者关断的控制，这类电力电子器件则被称为电压驱动型电力电子器件，或者电压控制型电力电子器件。由于电压驱动型器件实际上是通过加在控制端上的电压在器件的两个主电路端子之间产生可控的电场来改变流过器件的电流大小和通断状态的，所以电压驱动型器件又被称为场控器件，或者场效应器件。

2）典型器件：电力 MOSFET 、SIT、IGBT 及其他复合型器件。

3）特点：输入阻抗很高，驱动电流及驱动功率小，驱动电路简单。

3. 按照驱动电路加在电力电子器件控制端和公共端之间的有效信号的波形

（1）脉冲触发型器件

1）定义：如果是通过在控制端施加一个电压或电流的脉冲信号来实现器件的开通或者关断的控制，一旦已进入导通或阻断状态且在主电路条件不变的情况下，器件就能够维持其导通或阻断状态，而不必通过继续施加控制端信号来维持其状态，这类电力电子器件被称为脉冲触发型电力电子器件。

2）典型器件：晶闸管、GTO 等。

（2）电平控制型器件

1）定义：如果必须通过持续在控制端和公共端之间施加一定电平的电压或电流信号来使器件开通并维持在导通状态，或者关断并维持在阻断状态，这类电力电子器件则被称为电平控制型电力电子器件。

2）典型器件：GTR、电力 MOSFET 、SIT、IGBT 及其他复合型器件。

4．按照器件内部电子和空穴两种载流子参与导电的情况

（1）单极型器件

1）定义：由一种载流子参与导电的器件称为单极型器件（也称为多子器件）。

2）典型器件：P－MOSFET、肖特基二极管（SBD）、SIT。

3）特点：工作频率很高；没有电导调制效应，管压降较高；电流容量小、耐压低。

（2）双极型器件

1）定义：由电子和空穴两种载流子参与导电的器件称为双极型器件（也称为少子器件）。

2）典型器件：基于 PN 结的电力二极管、晶闸管、GTO、GTR。

3）特点：由于具有电导调制效应，导通时压降很低，导通损耗较小；容量大；开关频率低。

（3）复合型器件

1）定义：由单极型器件和双极型器件集成混合而成的器件则被称为复合型器件，也称混合型器件。

2）典型器件：IGBT(MOSFET/GTR)、MCT(MOSFET/Thyristor)、SITH(SIT/GTO)。

3）特点：综合了单极型器件和双极型器件的优点，因而具有良好的特性。

笔记

2.2 电力二极管

电力二极管（ Power Diode）虽然是不可控器件，但其结构和原理简单，工作可靠，所以直到现在电力二极管仍然大量应用于许多电气设备当中。在采用全控型器件的电路中电力二极管往往是不可缺少的，特别是开通和关断速度很快的快恢复二极管和肖特基二极管，具有不可替代的地位。这种电力电子器件常被用于为不可控整流、电感性负载回路的续流、电压型逆变电路提供无功路径等场合。

2.2.1 PN 结与电力二极管的工作原理 B 类考点

电力二极管的基本结构和工作原理与信息电子电路中的二极管是一样的，都是以半导体 PN 结为基础的。电力二极管实际上是由一个面积较大的 PN 结和两端引线以及封装组成的，电力二极管的外形、基本结构和电气图形符号如图 2-5 所示。从外形上看，电力二极管可以有螺栓形、平板形等多种封装。一般情况下，200A 以下的管芯采用螺栓形，200A 以上的管芯采用平板形。

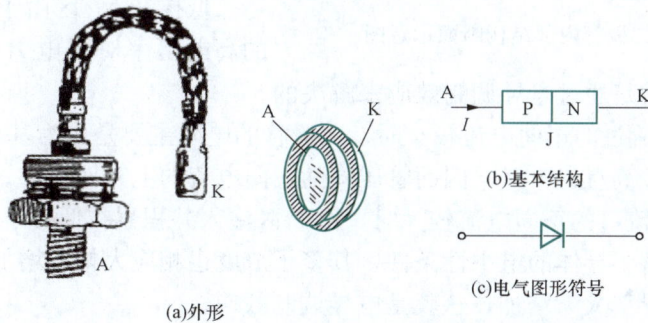

图 2-5 电力二极管的外形、基本结构和电气图形符号

将一块单晶硅的一侧掺入杂质制作成 P 型半导体，另一侧掺入杂质制作成 N 型半导体 N 型半导体和 P 型半导体结合后构成 PN 结，如图 2-6 所示。

（1）PN 结的单向导电性

当 PN 结外加正向电压（正向偏置）：外加电压的正端接 P 区、负端接 N 区时，外加电场与 PN 结自建电场方向相反，在内部造成空间电荷区变窄。当外加电压升高时，自建电场将进一步被削弱，扩散电流进一步增加。这就是 PN 结的正向导通状态。

当 PN 结外加反向电压时（反向偏置）：外加电场与 PN 结自建电场方向相同，在内部造成空间电荷区变宽，PN 结表现为高阻态，几乎没有电流流过，被称为反向截止状态。

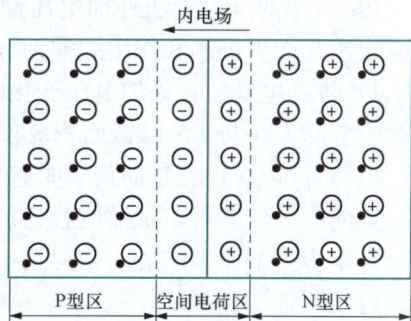

图 2-6 PN 结的形成

这就是 PN 结的单向导电性，二极管的基本原理就在于 PN 结的单向导电性这个主要特征。

PN 结具有一定的反向耐压能力，但当施加的反向电压过大时，反向电流将会急剧增大，破坏 PN 结反向偏置为截止的工作状态，这就叫反向击穿。

（2）垂直导电结构与低掺杂区

为了建立承受高电压和大电流的能力，电力二极管具体的半导体物理结构和工作原理具有如下不同于信息电子电路二极管之处。

1）电力二极管内部结构断面示意如图 2-7 所示，电力二极管大都是垂直导电结构，使得硅片中通过电流的有效面积增大，可以显著提高二极管的通流能力。

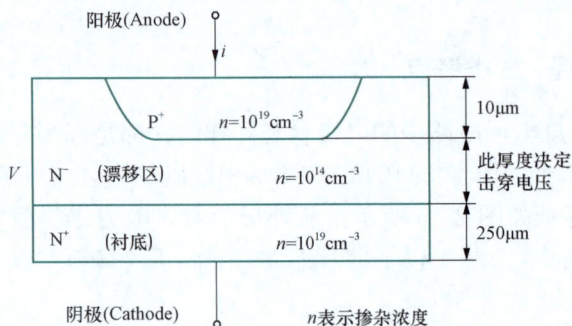

图 2-7　电力二极管内部结构断面示意图

2）电力二极管在 P 区和 N 区之间多了一层低掺杂 N 区（在半导体物理中用 N⁻ 表示），因此，电力二极管的结构也被称为 P-i-N 结构。由于掺杂浓度低，低掺杂 N 区就可以承受很高的电压而不致被击穿，因此低掺杂 N 区越厚，电力二极管能够承受的反向电压就越高。

（3）电导调制效应与电容效应

低掺杂 N⁻ 区由于掺杂浓度低而具有的高电阻率对于电力二极管的正向导通是不利的。这个矛盾是通过电导调制效应来解决的。

1）当 PN 结上流过的正向电流较小时，二极管的电阻主要是作为基片的低掺杂 N⁻ 区的欧姆电阻，其阻值较高且为常量，因而管压降随正向电流的上升而增加。

2）当 PN 结上流过的正向电流较大时，由 P 区注入并积累在低掺杂 N 区的少子空穴浓度将很大，为了维持半导体的电中性条件，其多子浓度也相应大幅度增加，使得其电阻率明显下降，也就是电导率大大增加，这就是电导调制效应。

电导调制效应使得电力二极管在正向电流较大时压降仍然很低，维持在 1V 左右，所以正向偏置的电力二极管表现为低阻态。

PN 结中的电荷量随外加电压而变化，呈现电容效应，称为结电容，又称为微分电容。结电容按其产生机制和作用的差别分为势垒电容和扩散电容。

1）势垒电容只在外加电压变化时才起作用，外加电压频率越高，势垒电容作用越明显。势垒电容的大小与 PN 结截面积成正比，与阻挡层厚度成反比。

2）扩散电容仅在正向偏置时起作用。在正向偏置时，当正向电压较低时，势垒电容为主；正向电压较高时，扩散电容为结电容的主要成分。

结电容影响 PN 结的工作频率，特别是在高速开关的状态下，可能使其单向导电性变差，甚至不能工作。

2.2.2　电力二极管的基本特性　A 类考点

电力二极管的基本特性包括静态特性和动态特性。

1. 静态特性

（1）概念

电力二极管的静态特性主要是指其伏安特性，是指电力二极管的阳极与阴极之间的电压

U 与流过阳极的电流 I 之间的关系，如图 2-8 所示。

（2）特点

当电力二极管承受的正向电压大到一定值（门槛电压 U_{TO}），正向电流才开始明显增加，处于稳定导通状态。与正向电流 I_F 对应的电力二极管两端的电压 U_F 即为正向电压降。

当电力二极管加上反向阳极电压时，开始只有极小的反向漏电流，特性平行横轴。随着电压增加，反向电流有所增大。当反向电压增加到一定程度时，漏电流就开始急剧增加，此时必须对反向电压加以限制，否则二极管将因反向电压击穿而损坏。

2. 动态特性

（1）含义

1）原因：因为结电容的存在，电力二极管在零偏置（外加电压为零）、正向偏置和反向偏置这三种状态之间转换的时候，必然经历一个过渡过程。

2）概念：在这些过渡过程中，PN 结的一些区域需要一定时间来调整其带电状态，因而其电压—电流特性不能用前面的伏安特性来描述，而是随时间变化的，这就是电力二极管的动态特性，并且往往专指反映通态和断态之间转换过程的开关特性。

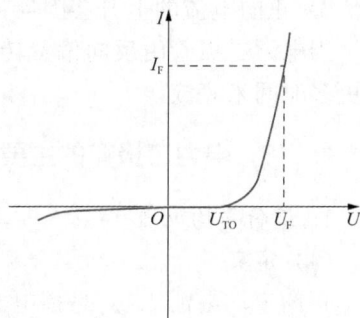

图 2-8 电力二极管的伏安特性

（2）分类

动态特性包括开通特性和关断特性。

1）关断特性。图 2-9（a）给出了电力二极管由正向偏置转换为反向偏置时其动态过程的波形。当原处于正向导通状态的电力二极管的外加电压突然从正向变为反向：

①该电力二极管并不能立即关断，而是需经过一段短暂的时间才能重新获得反向阻断能力，进入截止状态；

②在关断之前有较大的反向电流出现，并伴随有明显的反向电压过冲。

这是因为正向导通时在 PN 结两侧储存的大量少子需要被清除掉以达到反向偏置稳态的缘故。

③时间参数

延迟时间：$t_d = t_1 - t_0$；电流下降时间：$t_f = t_2 - t_1$；反向恢复时间：$t_{rr} = t_d + t_f$；恢复特性的软度或恢复系数：$S_r = t_f / t_d$，S_r 越大则恢复特性越软，实际上就是反向电流下降时间相对较长，因而在同样的外电路条件下造成的反向电压过冲 U_{RP} 较小。

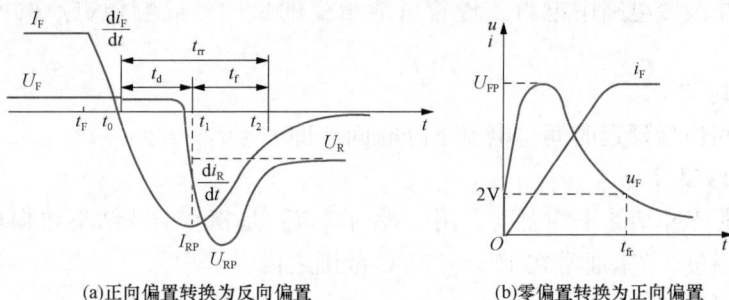

(a)正向偏置转换为反向偏置   (b)零偏置转换为正向偏置

图 2-9 电力二极管的动态特性

2）开通特性。图 2-6（b）给出了电力二极管由零偏置转换为正向偏置时其动态过程的波形。可以看出，在这一动态过程中：

①电力二极管的正向压降也会先出现一个过冲 U_{FP}，经过一段时间才趋于接近稳态压降的某个值（如 2V）。这一动态过程时间被称为正向恢复时间 t_r。

②出现电压过冲的原因是：

a）电导调制效应起作用所需的大量少子需要一定的时间来储存，在达到稳态导通之前管压降较大。

b）正向电流的上升会因器件自身的电感而产生较大压降。电流上升率越大，U_{FP} 越高。

当电力二极管由反向偏置转换为正向偏置时，除上述时间外，势垒电容电荷的调整也需要更多时间来完成。

2.2.3　电力二极管的主要参数　B 类考点

1. 正向平均电流 $I_{F(AV)}$

（1）定义

正向平均电流 $I_{F(AV)}$ 是指电力二极管长期运行时，在指定的管壳温度和散热条件下，其允许流过的最大工频正弦半波电流的平均值。这也是标称其额定电流的参数。

（2）含义

如果某电力二极管的正向平均电流为 $I_{F(AV)}$，即它允许流过的最大工频正弦半波电流的平均值为 $I_{F(AV)}$，由正弦半波波形的平均值与有效值的关系为 1：1.57 可知，该电力二极管允许流过的最大电流有效值为 $1.57I_{F(AV)}$。

（3）使用者选取

如果已知某电力二极管在电路中需要流过某种波形电流的有效值为 I_D，则至少应该选取额定电流［正向平均电流 $I_{F(AV)}$］为 $I_D/1.57$ 的电力二极管，当然还要考虑一定的裕量。

2. 正向压降 U_F

正向压降 U_F 指电力二极管在指定温度下，流过某一指定的稳态正向电流时对应的正向压降。有时候，其参数表中也给出在指定温度下流过某一瞬态正向大电流时，电力二极管的最大瞬时正向压降。

3. 反向重复峰值电压 U_{RRM}

反向重复峰值电压 U_{RRM} 指对电力二极管所能重复施加的反向最高峰值电压。通常是其雪崩击穿电压 U_B 的 2/3。

使用时，往往按照电路中电力二极管可能承受的反向最高峰值电压的两倍来选定此项参数。

4. 反向恢复时间 t_{rr}

反向恢复时间包括延迟时间与电流下降时间，即 $t_{rr}=t_d+t_f$。

5. 最高工作结温 T_{JM}

结温是指管芯 PN 结的平均温度，用 T_J 表示。T_{JM} 是指在 PN 结不致损坏的前提下所能承受的最高平均温度。T_{JM} 通常在 125～175℃ 范围之内。

6. 浪涌电流 I_{FSM}

浪涌电流 I_{FSM} 指电力二极管所能承受最大的连续一个或几个工频周期的过电流。

2.2.4 电力二极管的主要类型 C 类考点

按照反向恢复特性的不同，电力二极管常分为以下几种类型。

1. 普通二极管（又称整流二极管）

（1）特点

1）其反向恢复时间较长，一般在 5 μs 以上。

2）正向电流定额和反向电压定额可以达到很高，分别可达数千安和数千伏以上。

3）漏电流小、通态压降较高（0.7～1.8V）。

（2）应用场合

多用于开关频率不高（1kHz 以下）的整流电路中，如牵引、充电、电镀等装置的整流电路中。

2. 快恢复二极管

（1）恢复过程很短特别是反向恢复过程很短（5 μs 以下）的二极管，也简称快速二极管，正向压降很高（1.6～4V）。

（2）用外延型 PiN 结构制造的快恢复外延二极管，其反向恢复时间更短（可低于 50ns），正向压降也很低（0.9V 左右）。

（3）从性能上可分为快速恢复和超快速恢复两个等级。前者反向恢复时间为数百纳秒或更长，后者则在 100ns 以下，甚至达到 20～30ns。

（4）适用于斩波和逆变电路中做充当旁路二极管和阻塞二极管。

3. 肖特基二极管

以金属和半导体接触形成的势垒为基础的二极管称为肖特基势垒二极管（SBD），简称为肖特基二极管。20 世纪 80 年代以来，其在电力电子电路中广泛应用。

（1）肖特基二极管的优点

1）反向恢复时间很短（10～40ns）。

2）正向恢复过程中不会有明显的电压过冲。

3）在反向耐压较低的情况下正向压降也很小（0.3～0.6V），明显低于快恢复二极管。

4）开关损耗和正向导通损耗都比快速二极管小，效率高。

（2）肖特基二极管的弱点

1）当所能承受的反向耐压提高时其正向压降也会高得不能满足要求，因此多用于 200V 以下的低压场合。

2）反向漏电流较大且对温度敏感，因此，反向稳态损耗不能忽略，而且必须更严格地限制其工作温度。

（3）适用场合

常用于高频低压仪表和开关电源。

2.3 晶 闸 管

晶闸管（Thyristor）是晶体闸流管的简称，又称作可控硅整流器（SCR），以前被简称为可控硅。自 20 世纪 80 年代以来，晶闸管的地位开始被各种性能更好的全控型器件所取代，但是由于其所能承受的电压和电流容量仍然是目前电力电子器件中最高的，而且工作可靠，因此在大容量的应用场合仍然具有比较重要的地位。

2.3.1 晶闸管的结构与工作原理 A 类考点

1. 结构

图 2-10 所示为晶闸管的外形、结构和电气图形符号。

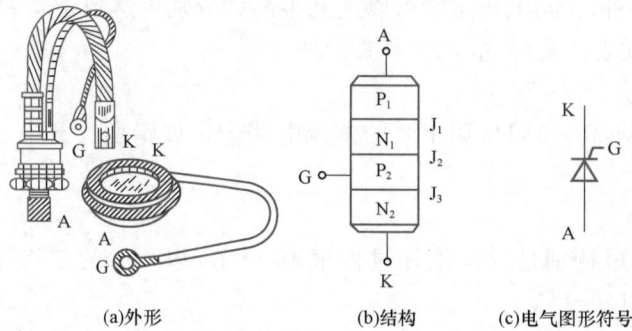

(a)外形　　　　　(b)结构　　　　　(c)电气图形符号

图 2-10　晶闸管的外形、结构和电气图形符号

（1）外形：晶闸管也主要有螺栓形和平板形两种封装结构，均引出阳极 A、阴极 K 和门极（控制端）G 三个连接端。

（2）内部结构：晶闸管内部是 PNPN 四层半导体结构，分别命名为 P_1、N_1、P_2、N_2 四个区。P_1 区引出阳极 A，N_2 区引出阴极 K，P_2 区引出门极 G，四个区形成 J_1、J_2、J_3 三个PN 结。

（3）门极可控开通及单向导电特性。

当门极开路时，则有：

1）如果正向电压（阳极高于阴极）加到器件上，则 J2 处于反向偏置状态，器件 A、K 两端之间处于阻断状态，只能流过很小的漏电流。

2）如果反向电压加到器件上，则 J_1 和 J_3 反偏，该器件也处于阻断状态，仅有极小的反向漏电流通过。

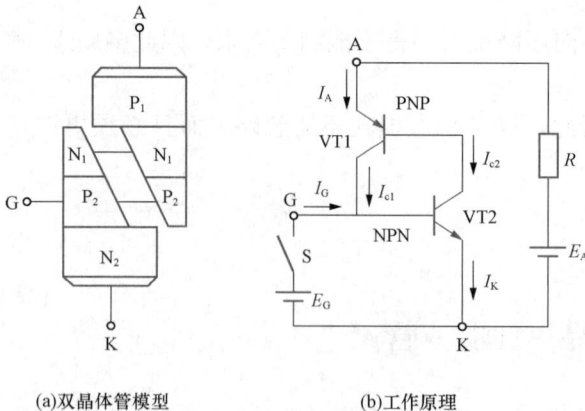

(a)双晶体管模型　　　(b)工作原理

图 2-11　晶闸管的双晶体管模型及其工作原理

2. 工作原理

（1）双晶体管模型

晶闸管导通的工作原理可以用双晶体管模型来解释，如图 2-11 所示。如在器件上取一倾斜的截面，则晶闸管可以看作由 $P_1N_1P_2$ 和 $N_1P_2N_2$ 构成的两个晶体管 VT1、VT2 组合而成。

（2）导通过程

1）如果外电路向门极注入电流 I_G，也就是注入驱动电流。

2）I_G 流入晶体管 VT2 的基极，即产生集电极电流 I_{c2}。

3）I_{c2}构成晶体管 VT1 的基极电流，放大成集电极电流 I_{c1}。

4）I_{c1}又进一步增大 VT2 的基极电流。

如此形成强烈的正反馈，最后 VT1 和 VT2 进入完全饱和状态，即晶闸管导通。

注：此时如果撤掉外电路注入门极的电流 I_G，晶闸管由于内部已形成了强烈的正反馈会仍然维持导通状态。

（3）关断的条件

若要使晶闸管关断，必须：

1）去掉阳极所加的正向电压；

2）或者给阳极施加反压；

3）或者设法使流过晶闸管的电流降低到接近于零的某一数值以下，晶闸管才能关断。

（4）可能被触发导通的情况

1）阳极电压升高至相当高的数值造成雪崩效应。

2）阳极电压上升率 du/dt 过高。

3）结温较高。

4）光直接照射硅片，即光触发。

注：这些情况除了由于光触发可以保证控制电路与主电路之间的良好绝缘而应用于高压电力设备中之外，其他都因不易控制而难以应用于实践。

结论：只有门极触发是最精确、迅速而可靠的控制手段。

2.3.2　晶闸管的基本特性　A类考点

1. 静态特性

（1）正常工作时的特性

1）当晶闸管承受反向电压时，不论门极是否有触发电流，晶闸管都不会导通。

2）当晶闸管承受正向电压时，仅在门极有触发电流的情况下晶闸管才能开通。

3）晶闸管一旦导通，门极就失去控制作用，不论门极触发电流是否还存在，晶闸管都保持导通。

4）若要使已导通的晶闸管关断，只能利用外加电压和外电路的作用使流过晶闸管的电流降到接近于零的某一数值以下。

（2）阳极伏安特性

晶闸管的伏安特性如图 2-12 所示。位于第Ⅰ象限的是正向特性，位于第Ⅲ象限的是反向特性。

1）正向特性

①当 $I_G=0$ 时，如果在器件两端施加正向电压，则晶闸管处于正向阻断状态，只有很小的正向漏电流流过；如果正向电压超过临界极限即正向转折电压 U_{bo}，则漏电流急剧增大，器件开通（由高阻区经虚线负阻区到低阻区）。

②随着门极电流幅值的增大，正向转折电压

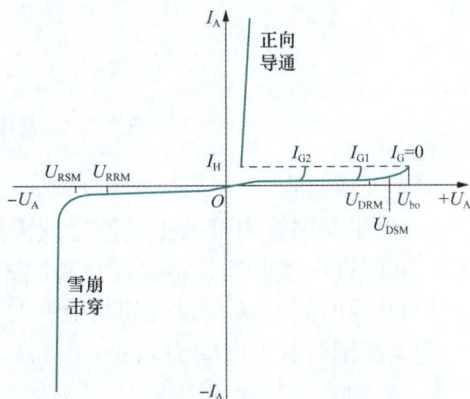

图 2-12　晶闸管的伏安特性（$I_{G2}>I_{G1}>I_G$）

降低。

③导通后的晶闸管特性和二极管的正向特性相仿，即使通过较大的阳极电流，晶闸管本身的压降也很小，在1V左右。

④导通期间，如果门极电流为零，并且阳极电流降至接近于零的某一数值 I_H（维持电流）以下，则晶闸管又回到正向阻断状态。

2）反向特性：当在晶闸管上施加反向电压时，其伏安特性类似二极管的反向特性。

（3）门极伏安特性

1）晶闸管的门极触发电流是从门极流入晶闸管，从阴极流出的。阴极是晶闸管主电路与控制电路的公共端。门极触发电流也往往是通过触发电路在门极和阴极之间施加触发电压而产生的。

2）从晶闸管的结构图可以看出，门极和阴极之间是一个 PN 结 J_3，其伏安特性称为门极伏安特性。

3）为了保证可靠、安全的触发，门极触发电路所提供的触发电压、触发电流和功率都应限制在晶闸管门极伏安特性曲线中的可靠触发区内。

2. 动态特性

图 2-13 为晶闸管开通和关断过程波形。开通过程描述的是使门极在坐标原点时刻开始受到理想阶跃电流触发的情况。而关断过程描述的是对已导通的晶闸管，外电路所加电压在某一时刻突然由正向变为反向的情况。

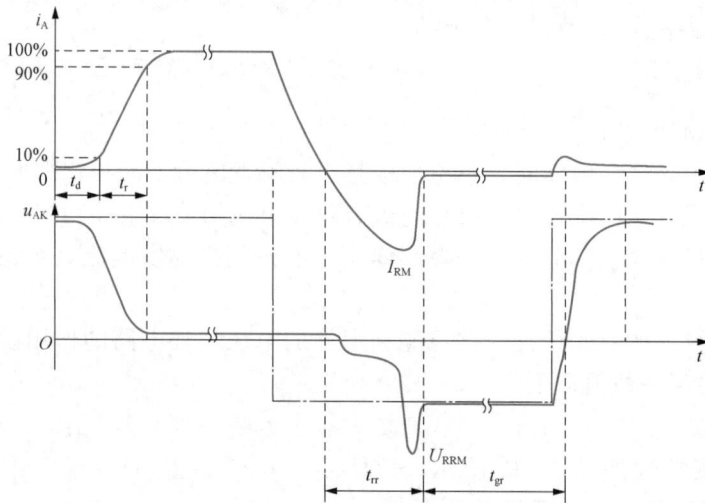

图 2-13　晶闸管的开通和关断过程波形

（1）开通过程

1）由于晶闸管内部的正反馈过程需要时间，再加上外电路电感的限制，晶闸管受到触发后，其阳极电流的增长不可能是瞬时。

2）开通时间 t_{gt} 为延迟时间与上升时间之和，即 $t_{gt}=t_d+t_r$。

普通晶闸管延迟时间为 $0.5\sim1.5\mu s$，上升时间为 $0.5\sim3\mu s$。

3）影响开通过程的因素：

①延迟时间随门极电流的增大而减小。

②上升时间除反映晶闸管本身特性外，还受到外电路电感的严重影响。

③提高阳极电压，延迟时间和上升时间都可显著缩短。

（2）关断过程

1）由于外电路电感的存在，原处于导通状态的晶闸管当外加电压突然由正向变为反向时，其阳极电流在衰减时必然也是有过渡过程的。

2）从正向电流降为零，到反向恢复电流衰减至接近于零的时间，就是晶闸管的反向阻断恢复时间 t_{rr}。

3）反向恢复过程结束后，由于载流子复合过程比较慢，晶闸管要恢复对其正向电压的阻断能力还需要一段时间，这叫作正向阻断恢复时间 t_{gr}。

4）在正向阻断恢复时间内，如果重新对晶闸管施加正向电压，晶闸管会重新正向导通，而不是受门极电流控制而导通。

注：实际应用中，应对晶闸管施加足够长时间的反向电压，使晶闸管充分恢复其对正向电压的阻断能力，电路才能可靠工作。

5）晶闸管的电路换向关断时间 t_q 定义为 t_{rr} 与 t_{gr} 之和，即 $t_q = t_{rr} + t_{gr}$。

普通晶闸管的关断时间约几百微秒。

2.3.3　晶闸管的主要参数　A类考点

1. 电压定额

额定电压：

1）厂家标称

断态重复峰值电压 U_{DRM}：在门极断路而结温为额定值时，允许重复加在器件上的正向峰值电压。

反向重复峰值电压 U_{RRM}：在门极断路而结温为额定值时，允许重复加在器件上的反向峰值电压。

通常取晶闸管的 U_{DRM} 和 U_{RRM} 中较小的标值向低取整后作为该器件的额定电压。

2）使用者选取

由于晶闸管的电压过载能力较差，电源波动、异常电压和瞬时电流变化等原因引起的瞬时过电压可能会造成晶闸管损坏。在实际应用时，通常按照电路中晶闸管的正常工作峰值电压的 2～3 倍来选择晶闸管的额定电压，以确保有足够的安全裕量。

通态（峰值）电压 U_{TM}——晶闸管通以某一规定倍数的额定通态平均电流时的瞬态峰值电压。

晶闸管的额定电压：$U_{TN} = (2～3) U_{TM}$。

晶闸管的额定电压等级：额定电压在 1000V 以下是每 100V 一个电压等级，对应等级为 1 级、2 级、3 级、……、10 级；1000V～3000V 则是每 200V 一个电压等级，对应等级为 12 级、14 级、16 级、……

2. 电流定额

（1）额定电流

1）厂家标称

通态平均电流 $I_{T(AV)}$：国标规定通态平均电流为晶闸管在环境温度为 40℃和规定的冷却

状态下，稳定结温不超过额定结温时所允许流过的最大工频正弦半波电流的平均值。将此电流整化至规定的电流等级，则为该元件的额定电流。

注：晶闸管是以电流的平均值而不是以有效值作为它的额定电流。

2）使用者选取

①选取原则：有效值相等。

②安全裕量：由于晶闸管的过载能力小，为保证安全可靠工作，所选用晶闸管的额定电流应使其对应有效值电流为实际流过电流有效值的 1.5～2 倍。

3）晶闸管的额定电流：$I_{T(AV)} = (1.5\sim 2) \dfrac{I}{1.57}$

晶闸管的额定电流选取原则：

①$I_{T(AV)} \leqslant 50A$ 时，有 1A、5A、10A、20A、30A、50A；

②$I_{T(AV)} \geqslant 100A$ 时，有 100A、200A、300A、400A、500A、600A、800A。

③例：某晶闸管实际承担的某波形电流有效值为 300A，则可选取额定电流通态平均电流为 300A/1.57＝191A 的晶闸管（根据正弦半波波形平均值与有效值之比为 1：1.57），再考虑裕量，比如将计算结果放大到 2 倍左右，则可选取额定电流 400A 的晶闸管。

4）晶闸管的型号

晶闸管的型号表如图 2-14 所示。

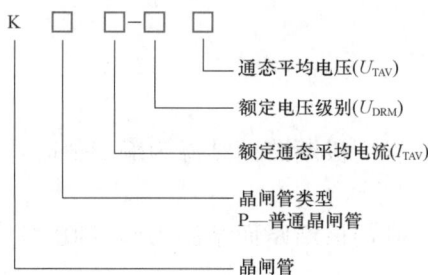

图 2-14 晶闸管型号表示

注：名称：用字母"K"表示晶闸管。

类别：使用字母来表示，如 P 代表普通反向阻断型，K 代表快速反向阻断型，S 代表双向型等。

额定电流值：用数字表示晶闸管的额定通态电流值，

通态平均电压组别共九级，用字母 A～I 表示 0.4～1.2V 电压。

如 KP5－7 表示普通晶闸管，额定电流为 5A，额定电压等级为 7 级对应额定电压为 700V。

（2）擎住电流与维持电流

1）擎住电流 I_L：擎住电流是晶闸管刚从断态转入通态并移除触发信号后，能维持导通所需的最小电流。

2）维持电流 I_H：维持电流是指使晶闸管维持导通所必需的最小电流一般为几十到几百毫安。I_H 与结温有关，结温越高，则 I_H 越小。

对同一晶闸管来说，通常 I_L 为 I_H 的 2～4 倍。

（3）浪涌电流

浪涌电流是指由于电路异常情况引起的并使结温超过额定结温的不重复性最大正向过载电流。浪涌电流有上下两个级，这个参数可作为设计保护电路的依据。

3．动态参数

除开通时间 t_{gt} 和关断时间 t_q 外，还有：

（1）断态电压临街上升率 du/dt

1）定义：在额定结温和门极开路的情况下，不导致晶闸管从断态到通态转换的外加电压最大上升率。

2）如果电压上升率过大，使充电电流足够大，就会使晶闸管误导通。

（2）通态电流临街上升率 di/dt

1）定义：在规定条件下，晶闸管能承受而无有害影响的最大通态电流上升率。

2）如果电流上升太快，则晶闸管刚一开通，便会有很大的电流集中在门极附近的小区域内，从而造成局部过热而使晶闸管损坏。

2.3.4　晶闸管的派生器件　C 类考点

晶闸管的派生器件如图 2 - 15 所示。

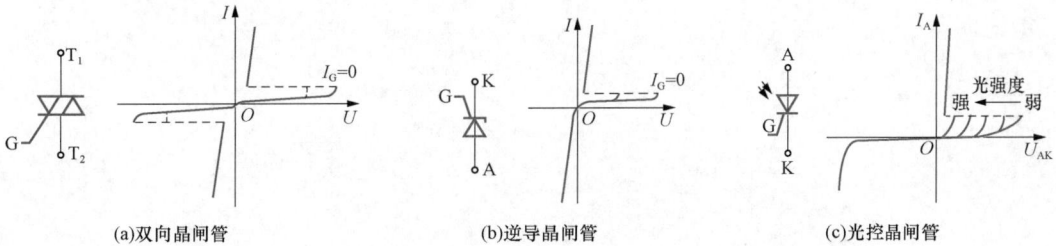

(a)双向晶闸管　　　　　(b)逆导晶闸管　　　　　(c)光控晶闸管

图 2 - 15　晶闸管的派生器件

1．快速晶闸管（FST）

快速晶闸管包括所有专为快速应用而设计的晶闸管。

（1）有常规的快速晶闸管和工作在更高频率的高频晶闸管，可分别应用于 400Hz 和 10kHz 以上的斩波电路和逆变电路中。

（2）快速晶闸管的开关时间以及 du/dt 和 di/dt 的耐量都有了明显改善。

（3）从关断时间来看，普通晶闸管一般为数百微秒，快速晶闸管为数十微秒，而高频晶闸管则为 10 μs 左右。

（4）与普通晶闸管相比，高频晶闸管的不足在于其电压和电流定额都不易做高。

（5）由于工作频率较高，选择快速晶闸管和高频晶闸管的通态平均电流时不能忽略其开关损耗的发热效应。

2．双向晶闸管（TRIAC）

（1）双向晶闸管可以认为是一对反并联联结的普通晶闸管的集成。

（2）双向晶闸管的门极使器件在主电路的正反两方向均可触发导通，因此双向晶闸管在第Ⅰ和第Ⅲ象限有对称的伏安特性。

（3）双向晶闸管与一对反并联晶闸管相比是经济的，而且控制电路比较简单。

（4）在交流调压电路、固态继电器和交流电动机调速等领域应用较多。

（5）由于双向晶闸管通常用在交流电路中，因此不用平均值而用有效值来表示其额定电流值。

3．逆导晶闸管（RCT）

（1）逆导晶闸管是将晶闸管反并联一个二极管制作在同一管芯上的功率集成器件。

（2）这种器件不具有承受反向电压的能力，一旦承受反向电压即开通。

（3）与普通晶闸管相比，逆导晶闸管具有正向压降小、关断时间短、高温特性好、额定结温高等优点。

（4）可用于不需要阻断反向电压的电路中。

（5）逆导晶闸管的额定电流有两个，一个是晶闸管电流，一个是与之反并联的二极管的电流。

4．光控晶闸管（LTT）

（1）光控晶闸管是利用一定波长的光照信号触发导通的晶闸管。

（2）采用光触发保证了主电路与控制电路之间的绝缘，而且可以避免电磁干扰的影响。

（3）光控晶闸管目前在高压大功率的场合，如高压直流输电和高压核聚变装置中，占据重要的地位。

笔记

2.4 典型全控型器件

2.4.1 门极可关断晶闸管 C类考点

GTO是门极可关断晶闸管的简称，严格地讲也是晶闸管的一种派生器件，但可以通过在门极施加负的脉冲电流使其关断，因而属于全控型器件，即门极加上正向脉冲电流时就能导通，加上负脉冲电流时就能关断。由于不用换流回路，简化了变流装置主回路，提高了线路的可靠性，减少了关断所需能量，也提高了装置的工作频率。

1. 结构和工作原理

图 2-16 所示为 GTO 的内部结构和电气图形符号。

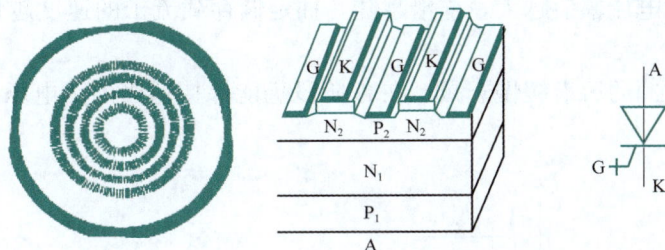

图 2-16　GTO 的内部结构和电气图形符号

（1）与普通晶闸管相同之处

1）GTO 和普通晶闸管一样，也是 PNPN 四层半导体结构。

2）GTO 的工作原理仍然可以用双晶体管模型来分析，也有同样的正反馈过程。

3）外部也是引出阳极、阴极和门极。

（2）与普通晶闸管不同之处

1）在设计器件时使得 a_2 较大，这样晶体管 VT2 控制灵敏，使得 GTO 易于关断。

2）使得导通时的 $a_1 + a_2$ 更接近于 1。普通晶闸管设计为 $a_1 + a_2 \geqslant 1.15$，而 GTO 设计为 $a_1 + a_2 \approx 1.05$，这样使 GTO 导通时饱和程度不深，更接近于临界饱和，从而为门极控制关断提供了有利条件。当然，负面的影响是，导通时管压降增大了。

3）GTO 具有多元集成结构

①使每个 GTO 元阴极面积很小，门极和阴极间的距离大为缩短，使得 P_2 基区所谓的横向电阻很小，从而使从门极抽出较大的电流成为可能。

②GTO 的多元集成结构除了对关断有利外（这种多元集成的特殊结构就是为了便于实现门极控制关断而设计的），也使得其比普通晶闸管开通过程更快，承受 di/dt 的能力更强。

结论：GTO 的导通过程与普通晶闸管是一样的，有同样的正反馈过程，只不过导通时饱和程度较浅。而关断时，给 GTO 的门极加负脉冲，即从门极抽出电流，器件退出饱和而关断。

2. 基本特性

GTO 的阳极伏安特性与普通晶闸管相同，门极伏安特性则有较大的差异，它反映了门极可关断的特殊性。

GTO 的动态特性：

图 2-17 给出了 GTO 开通和关断过程中门极电流 i_G 和阳极电流 i_A 的波形。

（1）开通过程：与普通晶闸管类似，开通过程中需要经过延迟时间 t_d 和上升时间 t_r。

（2）关断过程：关断过程有所不同。

1）需要经历抽取饱和导通时储存的大量载流子的时间——储存时间 t_s，从而使等效晶体管退出饱和状态。

2）然后则是等效晶体管从饱和区退至放大区，阳极电流逐渐减小时间——下降时间 t_f。

3）最后还有残存载流子复合所需时间——尾部时间 t_t。

结论：

1）通常下降时间 t_f 比储存时间 t_s 小得多，而 t_t 比 t_s 要长。

2）门极负脉冲电流幅值越大，前沿越陡，抽走储存载流子的速度越快，储存时间 t_s 就越短。

3）使门极负脉冲的后沿缓慢衰减，在 t_t 阶段仍能保持适当的负电压，则可以缩短尾部时间。

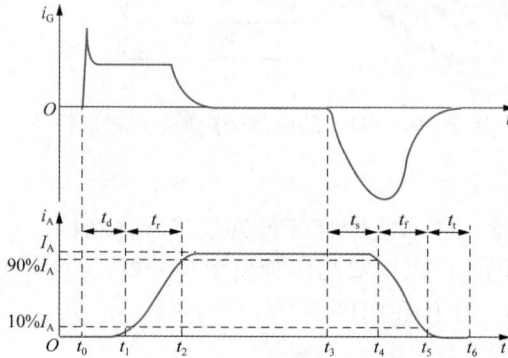

图 2-17　CTO 的开通和关断过程电流波形

3. 主要参数

GTO 的许多参数都和普通晶闸管相应的参数意义相同。这里只简单介绍一些意义不同的参数。

（1）最大可关断阳极电流 I_{ATO}：这也是用来标称 GTO 额定电流的参数。这一点与普通晶闸管用通态平均电流作为额定电流是不同的。

（2）电流关断增益 β_{off}：最大可关断阳极电流 I_{ATO} 与门极负脉冲电流最大值 I_{GM} 之比称为电流关断增益，即

$$\beta_{off} = \frac{I_{ATO}}{I_{GM}}$$

β_{off} 一般很小，只有 5 左右，这是 GTO 的一个主要缺点。一个 1000A 的 GTO，关断时门极负脉冲电流的峰值达 200A，这是一个相当大的数值。

（3）开通时间开通时间 t_{on}：指延迟时间与上升时间之和。GTO 的延迟时间一般为 $1\sim2\,\mu s$，上升时间则随通态阳极电流值的增大而增大。

（4）关断时间 t_{off}：关断时间一般指储存时间和下降时间之和，而不包括尾部时间。GTO 的储存时间随阳极电流的增大而增大，下降时间一般小于 $2\,\mu s$。

注：不少 GTO 都制造成逆导型，类似于逆导晶闸管。当需要承受反向电压时，应和电力二极管串联使用。

2.4.2　电力晶体管　B 类考点

电力晶体管（GTR），是一种耐高电压、大电流的双极结型晶体管（BJT）。

1. GTR 的结构和工作原理

图 2-18 为 GTR 的内部结构、电气图形符号和内部载流子的流动情况，与普通的双极

结型晶体管相比：

1）两者基本原理是一样的。

2）对 GTR 来说，最主要的特性是耐压高、电流大、开关特性好。

3）单管 GTR 的电流放大系数值比处理信息用的小功率晶体管小得多，通常为 10 左右，采用达林顿接法可以有效地增大电流增益。因此，GTR 通常采用至少由两个晶体管按达林顿接法组成的单元结构，同 GTO 一样采用集成电路工艺将许多这种单元并联而成。

4）单管的 GTR 结构与普通的双极结型晶体管是类似的，即 GTR 是由三层半导体（分别引出集电极、基极和发射极）形成的两个 PN 结（集电结和发射结）构成，多采用 NPN 结构。

5）与信息电子电路中的普通双极结型晶体管相比，GTR 多了一个 N - 漂移区（低掺杂 N 区），是用来承受高电压的。

6）GTR 导通时也是靠从 P 区向 N - 漂移区注入大量的少子形成的电导调制效应来减小通态电压和损耗的。

7）在应用中，GTR 一般采用共发射极接法。

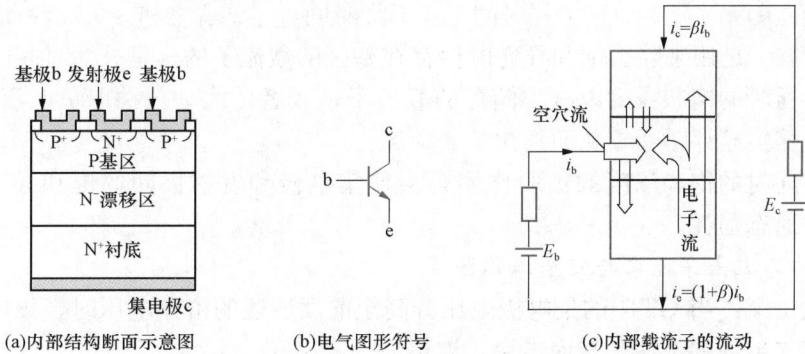

(a)内部结构断面示意图　　(b)电气图形符号　　(c)内部载流子的流动

图 2 - 18　GTR 的内部结构、电气图形符号和内部载流子的流动

2.GTR 的基本特性

（1）静态特性

图 2 - 19（a）为 GTR 在共发射极接法时的典型输出特性。

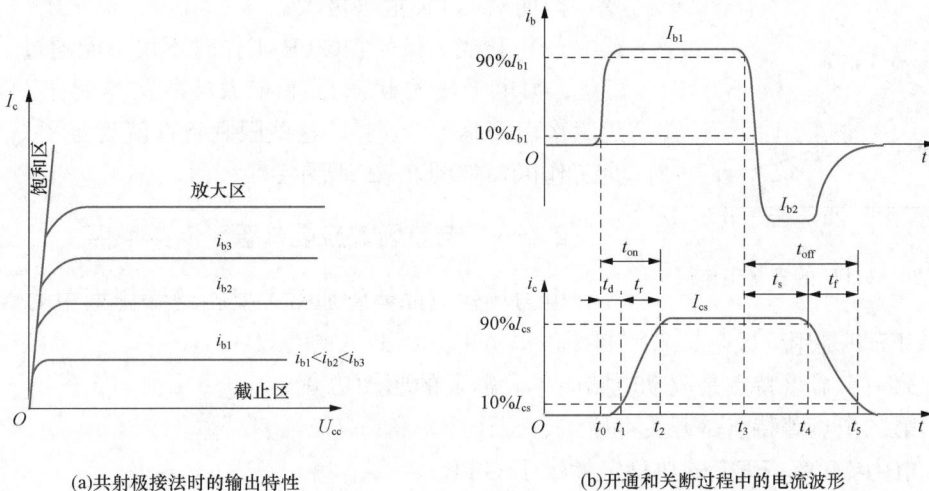

(a)共射极接法时的输出特性　　　　(b)开通和关断过程中的电流波形

图 2 - 19　GTR 的基本特性

1）定义：它描述的是以基极电流 i_b 为参考变量，集电极电流 I_c 与集射极电压 U_{ce} 之间的关系。

2）特点：其正向特性分为截止区、放大区和饱和区三个区域。

3）在电力电子电路中，GTR 工作在开关状态即工作在截止区或饱和区。但在开关过程中，即在截止区和饱和区之间过渡时，一般要经过放大区。

（2）动态特性

GTR 是用基极电流来控制集电极电流的，图 2-19（b）为 GTR 开通和关断过程中基极电流和集电极电流波形的关系。

1）开通过程

① GTR 开通时需要经过延迟时间 t_d 和上升时间 t_r，二者之和为开通时间。

②增大基极驱动电流 i_b 的幅值并增大 di_b/dt，可以缩短延迟时间，同时也可以缩短上升时间，从而加快开通过程。

2）关断过程

① GTR 的关断时需要经过储存时间 t_s 和下降时间 t_f，二者之和为关断时间 t_{off}。

②储存时间 t_s 是用来除去饱和导通时储存在基区的载流子的，是关断时间的主要部分；

③减小导通时的饱和深度以减小储存的载流子，或者增大基极抽取负电流 I_{b2} 的幅值和负偏压，可以缩短储存时间，从而加快关断速度。

④减小导通时的饱和深度的负面作用是会使集电极和发射极间的饱和导通压降 U_{ces} 增加，从而增大通态损耗。

3. GTR 的二次击穿现象与安全工作区

（1）一次击穿：当 GTR 的集电极电压升高至前面所述的击穿电压时，集电极电流迅速增大，这种首先出现的击穿是雪崩击穿，被称为一次击穿。

（2）二次击穿：出现一次击穿后，只要 I_c 不超过与最大允许耗散功率相对应的限度，GTR 一般不会损坏，工作特性也不会有什么变化。但是实际应用中常常发现一次击穿发生时如不有效地限制电流，I_c 增大到某个临界点时会突然急剧上升，同时伴随着电压的陡然下降，这种现象称为二次击穿。二次击穿常常立即导致器件的永久损坏，或者工作特性明显衰变，因而对 GTR 危害极大。

（3）安全工作区：GTR 工作时不仅不能超过最高电压 U_{ceM}、集电极最大电流 I_{cM} 和最大耗散功率 P_{cM}，也不能超过二次击穿临界线 P_{SB}，这些限制条件就规定了 GTR 的安全工作区，如图 2-20 所示。

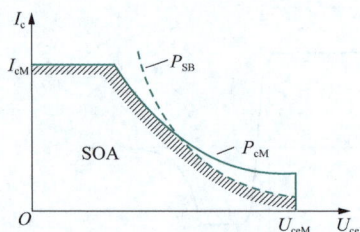

图 2-20 GTR 的安全工作区

2.4.3 电力场效应晶体管 B 类考点

电力场效应晶体管通常主要指绝缘栅型中的 MOS 型。电力 MOSFET 是用栅极电压来控制漏极电流的，因此它的特点：

（1）第一个显著特点是驱动电路简单，需要的驱动功率小。

（2）第二个显著特点是开关速度快、工作频率高。

（3）电力 MOS-FET 的热稳定性优于 GTR。

（4）电力 MOSFET 电流容量小，耐压低，多用于功率不超过 10kW 的电力电子装置。

1. 电力 MOSFET 的结构和工作原理

电力 MOSFET 的结构和电气图形符号如图 2-21 所示。

（1）结构

1）在电力 MOSFET 中，主要是 N 沟道增强型。

2）电力 MOSFET 在导通时只有一种极性的载流子（多子）参与导电，是单极型晶体管。

3）目前电力 MOSFET 大都采用了垂直导电结构，而且多了一个 N - 漂移区（低掺杂 N 区），大大提高了 MOSFET 器件的耐压和耐电流能力。

4）电力 MOSFET 也是多元集成结构，一个器件由许多个小 MOSFET 元组成。

5）电力 MOSFET 的三个电极分别是栅极、漏极和源极。

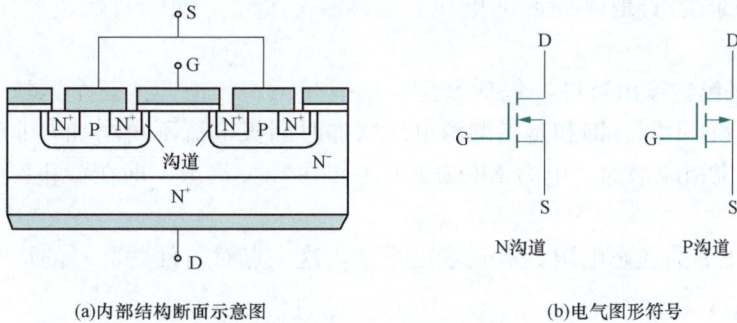

(a)内部结构断面示意图　　　　　　　　　(b)电气图形符号

图 2-21　电力 MOSFET 的结构和电气图形符号

（2）工作原理

1）当漏极接电源正端、源极接电源负端，栅极和源极间电压为零时，P 基区与 N - 漂移区之间形成的 PN 结 J_1 反偏，漏源极之间无电流流过。

2）如果在栅极和源极之间加一正电压 U_{GS}，由于栅极是绝缘的，所以并不会有栅极电流流过。但栅极的正电压却会将其下面 P 区中的空穴推开，而将 P 区中的少子——电子吸引到栅极下面的 P 区表面。

3）当 U_{GS} 大于某一电压值 U_T 时，栅极下 P 区表面的电子浓度将超过空穴浓度，从而使 P 型半导体反型而成 N 型半导体成为反型层，该反型层形成 N 沟道而使 PN 结 J_1 消失，漏极和源极导电。

电压 U_T 称为开启电压（或阈值电压），U_{GS} 超过 U_T 越多，导电能力越强，漏极电流 I_D 越大。

4）当栅极与源极间施加反向电压或不加信号时，MOSFET 内的沟道消失，使得器件关断。

注：电力 MOSFET 是多子导电器件，栅极和 P 区之间是绝缘的，无法像电力二极管和 GTR 那样在导通时靠从 P 区向 N - 漂移区注入大量的少子形成的电导调制效应来减小通态电压和损耗。因此电力 MOSFET 虽然可以通过增加 N - 漂移区的厚度来提高承受电压的能力，但是由此带来的通态电阻增大和损耗增加也是非常明显的。所以目前一般电力 MOSFET 产品设计的耐压能力都在 1000V 以下。

2. 电力 MOSFET 的静态特性

（1）转移特性

1）定义：漏极直流电流 I_D 和栅源间电压 U_{GS} 的关系，反映了输入电压和输出电流的关系，称为 MOSFET 的转移特性，如图 2-22（a）所示。

2）特点：I_D 较大时，I_D 与 U_{GS} 的关系近似线性，曲线的斜率被定义为 MOSFET 的跨导 G，即

$$G_{fs} = \frac{dI_D}{dU_{GS}}$$

跨导表示 MOSFET 栅源电压对漏极电流的控制能力，与 GTR 的电流增益 b 含义相似。

3）电力 MOSFET 是电压控制型器件，其输入阻抗极高，输入电流非常小。

（2）输出特性

图 2-22（b）是 MOSFET 的漏极伏安特性。

1）定义：它描述的是以栅源间电压 U_{GS} 为参考变量，漏极直流电流 I_D 与漏源极电压 U_{DS} 之间的关系。

2）第一象限包含输出特性，包括截止区、饱和区、非饱和区三个区域。这里饱和与非饱和的概念与 GTR 不同。饱和是指漏源电压增加时漏极电流不再增加，非饱和是指漏源电压增加时漏极电流相应增加。电力 MOSFET 工作在开关状态，即在截止区和非饱和区之间来回转换。

电力 MOSFET 的通态电阻具有正温度系数，这一点对器件并联时的均流有利。

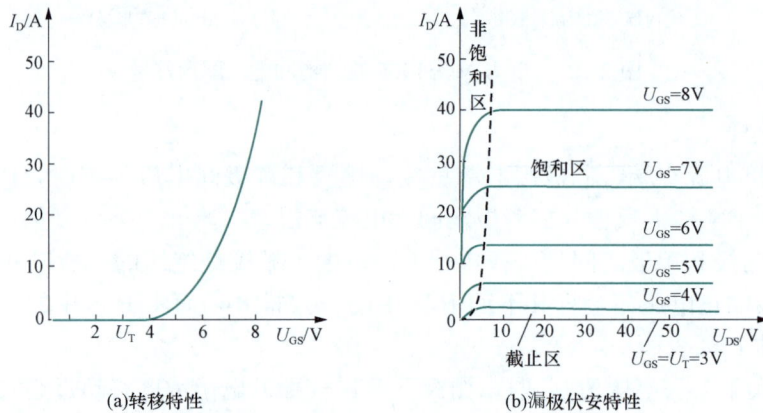

(a)转移特性 (b)漏极伏安特性

图 2-22 电力 MOSFET 的转移特性和伏安特性

3. 电力 MOSFET 的安全工作区

漏源间的耐压、漏极最大允许电流和最大耗散功率决定了电力 MOSFET 的安全工作区。一般来说，电力 MOSFET 不存在二次击穿问题，这是它的一大优点。在实际使用中，仍应注意留适当的裕量。

2.4.4 绝缘栅双极晶体管 A 类考点

背景：

（1）GTR 和 GTO 是双极型电流驱动器件，由于具有电导调制效应，其通流能力很强，但开关速度较慢，所需驱动功率大，驱动电路复杂。

（2）电力 MOSFET 是单极型电压驱动器件，开关速度快，输入阻抗高，热稳定性好，所需驱动功率小而且驱动电路简单。

（3）将这两类器件相互取长补短适当结合而成的复合器件。

（4）绝缘栅双极晶体管（IGBT 或 IGT）综合了 GTR 和 MOSFET 的优点，因而具有良好的特性。

1. IGBT 的结构和工作原理

（1）结构

1）IGBT 也是三端器件，具有栅极 G、集电极 C 和发射极 E。

2）存在电导调制效应的原因：图 2-23（a）给出了一种由 N 沟道 VDMOSFET 与双极型晶体管组合而成的 IGBT 的基本结构。与图 2-20（a）对照可以看出，IGBT 比 VDMOSFET 多一层 P^+ 注入区，因而形成了一个大面积的 P^+N 结 J_1；这样使得 IGBT 导通时由 P^+ 注入区向 N^- 漂移区发射少子，从而实现对漂移区电导率进行调制，使得 IGBT 具有很强的通流能力，解决了在电力 MOSFET 中无法解决的 N^- 漂移区追求高耐压与追求低通态电阻之间的矛盾。

3）简化等效电路：IGBT 的简化等效电路如图 2-23（b）所示，由图可以看出，这是用双极型晶体管与 MOSFET 组成的达林顿结构，相当于一个由 MOSFET 驱动的厚基区 PNP 晶体管，图中 R_N 为晶体管基区内的调制电阻。

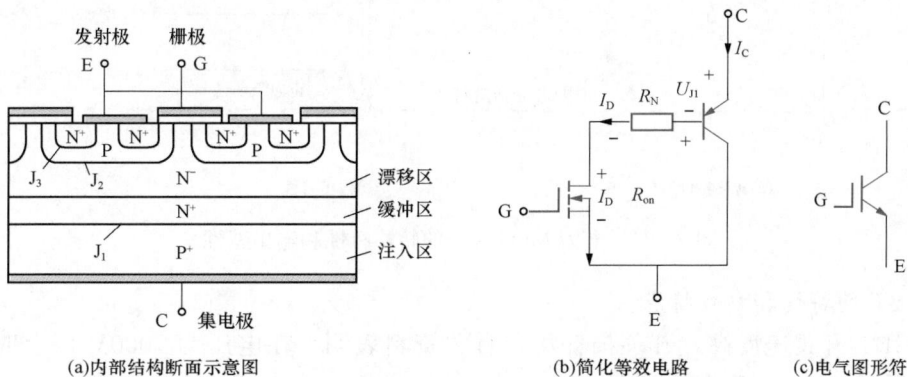

图 2-23 IGBT 的结构、简化等效电路和电气图形符号

（2）工作原理

1）IGBT 的驱动原理与电力 MOSFET 基本相同，是一种场控器件。

2）其开通和关断是由栅极和发射极间的电压 u_{GE} 决定的。

3）当栅射极 u_{GE} 为正且大于开启电压 $u_{GE(th)}$ 时，MOSFET 内形成沟道，并为晶体管提供基极电流进而使 IGBT 导通。

4）由于电导调制效应的影响，使得电阻 R_N 减小，这样高耐压的 IGBT 也具有很小的通态压降。

5）当栅极与发射极间施加反向电压或不加信号时，MOSFET 内的沟道消失，晶体管的基极电流被切断，使得 IGBT 关断。

2. IGBT 的静态特性

（1）转移特性

1）定义：IGBT 的转移特性描述的是集电极电流 I_C 和栅射电压 U_{GE} 之间的关系，与电力 M0OSFET 的转移特性类似，如图 2-24（a）所示。

2）开启电压 $u_{GE(th)}$ 是 IGBT 能实现电导调制而导通的最低栅射电压。$u_{GE(th)}$ 随温度升高而略有下降，温度每升高 1℃，其值下降 5mV 左右。在 +25℃时，$u_{GE(th)}$ 的值一般为 2~6V。

（2）输出特性

图 2-24（b）所示为 IGBT 的输出特性，也称伏安特性。

1）定义：IGBT 的输出特性描述的是以栅射电压为参考变量时，集电极电流 I_C 与集射极间电压 U_{CE} 之间的关系。

2）此特性与 GTR 的输出特性相似，不同的是参考变量，IGBT 为栅射电压 U_{GE}，而 GTR 为基极电流 I_B。

3）IGBT 的输出特性也分为三个区域：正向阻断区、有源区和饱和区。

4）在电力电子电路中，IGBT 工作在开关状态，因而是在正向阻断区和饱和区之间来回转换。

5）当 $u_{CE} < 0$ 时，IGBT 为反向阻断工作状态。

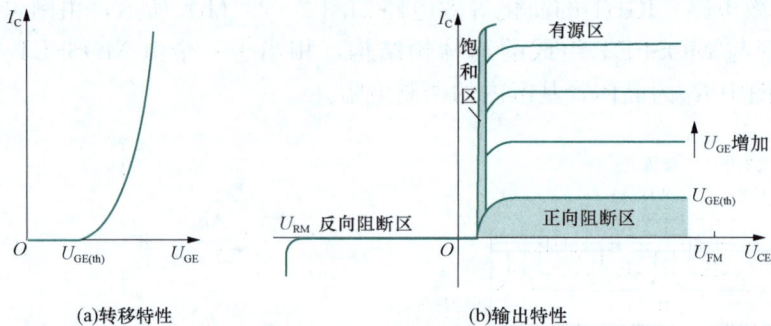

(a)转移特性　　　　　　(b)输出特性

图 2-24　电力 MOSFET 的转移特性和输出特性

3. IGBT 的特性和参数特点

1）IGBT 开关速度高，开关损耗小。有关资料表明，在电压为 1000V 以上时，IGBT 的开关损耗只有 GTR 的 1/10，与电力 MOSFET 相当。

2）在相同电压和电流定额的情况下，IGBT 的安全工作区比 GTR 大，而且具有耐脉冲电流冲击的能力。

3）IGBT 的通态压降比 VDMOSFET 低，特别是在电流较大的区域。

4）IGBT 的输入阻抗高，其输入特性与电力 MOSFET 类似。

5）与电力 MOSFET 和 GTR 相比，IGBT 的耐压和通流能力还可以进一步提高，同时可保持开关频率高的特点。

笔记

习题

1. （单选题）下列电力电子器件中，通流能力最大的全控型器件是（　　　）。

A. 电力二极管　　　　　　　　　　　B. 门极可关断晶闸管 GTO

C. 电力 MOSFET　　　　　　　　　　D. IGBT

2. （多选题）下列器件中属于全控型器件的为（　　）。（2021 届一批）

A. PD　　　　　　B. GTO　　　　　　C. Thyristor　　　　　　D. IGBT

3. （判断题）因为处理的电功率比较大，为了减小本身的损耗，提高效率，电力电子器件一般都工作在放大状态。（　　）

A. 正确　　　　　　B. 错误

4. （多选题）按照驱动电路加在电力电子器件控制端和公共端之间信号的波形，可以将电力电子器件（电力二极管除外）分为（　　）。

A. 电流驱动型　　　　　　　　　　　B. 脉冲触发型

C. 电压驱动型　　　　　　　　　　　D. 电平控制驱动型

5. （多选题）下列电力电子器件中，属于电流驱动型的是（　　）。

A. 晶闸管　　　　　　B. GTR　　　　　　C. GTO　　　　　　D. IGBT

6. （单选题）下列电力电子器件中，属于脉冲触发型的是（　　）。

A. GTR　　　　　　B. 电力 MOSFET　　　　　　C. 晶闸管　　　　　　D. IGBT

7. （多选题）IGBT 与 GTO 相比，（　　）。

A. 输入阻抗很高　　　　　　　　　　B. 驱动电流及驱动功率小

C. 驱动电路简单　　　　　　　　　　D. 开关速度快

8. （单选题）下列电力电子器件中，（　　）具有电导调制效应，导通时压降很低，导通损耗较小，容量大。

A. 肖特基二极管　　　　　　　　　　B. SIT

C. 电力 MOSFET　　　　　　　　　　D. IGBT

9. （判断题）电力二极管的静态特性往往专指反映通态和断态之间转换过程的开关特性。（　　）

A. 正确　　　　　　B. 错误

10. （多选题）下列情况可使晶闸管被触发导通的方式中，只有（　　）是最精确.迅速而可靠的控制手段。

A. 阳极电压上升率 du/dt 过高　　　　　　B. 结温较高

C. 门极触发　　　　　　　　　　　　D. 光直接照射硅片

11. （多选题）关于晶闸管的正常工作特性，叙述正确的是（　　）。

A. 当晶闸管承受反向电压时，不论门极是否有触发电流，晶闸管都不会导通

B. 当门极电流 $I_G = 0$ 时，如果在器件两端施加正向电压，则晶闸管处于正向阻断状态

C. 晶闸管一旦导通，不论门极触发电流是否还存在，晶闸管都保持导通

D. 可以通过在门极施加负的脉冲电流使已导通的晶闸管关断

12. （单选题）某电路中，晶闸管最大正向电压为 560V，最大反向电压为 750V，考虑 2 倍安全裕量，选择晶闸管的额定电压为（　　）。

A. 1100V   B. 1200   C. 1500V   D. 1600V

13.（单选题）IGBT 是由（   ）组成的复合型器件。

A. 电力 MOSFET 和 SCR   B. 电力 MOSFET 和 GTO

C. 电力 MOSFET 和 GTR   D. 电力 MOSFET 和 SIT

14.（单选题）某电路中，流过晶闸管电流的平均值为 15A，其有效值为 30A，考虑 2 倍安全裕量，选择晶闸管的额定电流为（   ）。

A. 10A   B. 20A   C. 30A   D. 50A

15.（判断题）在电力电子电路中，GTR 工作在开关状态即工作在截止区或饱和区。（   ）

A. 正确   B. 错误

16.（判断题）电力 MOSFET 的通态电阻具有负的温度系数，这一点对器件并联时的均流有利。（   ）

A. 正确   B. 错误

17.（多选题）下列关于 IGBT 的特点，说法错误的是（   ）。

A. IGBT 综合了 GTO 和 MOSFET 的优点，因而具有良好的特性

B. IGBT 的开通和关断是由栅极电流决定的

C. 由于电导调制效应的影响，使得高耐压的 IGBT 也具有很小的通态压降

D. IGBT 工作在开关状态时，是在截止区和非饱和区之间来回转换

第3章

整 流 电 路

（1）定义：整流电路是电力变换电路中出现最早的一种，它的作用是将交流电能变为直流电能供给直流用电设备。

（2）应用：整流电路的应用十分广泛，例如直流电动机，电镀、电解电源，同步发电机励磁，通信系统电源等。

（3）基本概念。

1）触发角 α：从晶闸管开始承受正向阳极电压起到施加触发脉冲止的电角度称为触发延迟角，也称触发角或控制角。

2）自然换相点：二极管换相时刻为自然换相点，是各相晶闸管能触发导通的最早时刻，将其作为计算各晶闸管触发角 α 的起点，即 $\alpha = 0°$。

3）导通角：指晶闸管在一个电源周期中处于通态的电角度。

4）相控方式：通过控制触发脉冲的相位来控制直流输出电压大小的方式称为相位控制方式，简称相控方式。

（4）分类：

1）按组成的器件可分为不可控、半控、全控三种。

2）按电路结构可分为桥式电路和零式电路。

3）按交流输入相数分为单相整流电路和多相整流电路，其中多相整流电路又以三相为主。

4）按变压器二次电流的方向是单向或双向，又分为单拍电路和双拍电路。

5）按控制方式可分为相控（相位控制）整流电路和斩控（斩波控制）整流电路。

3.1 单相可控整流电路

单相可控整流电路的交流侧接单相电源。

典型的单相可控整流电路共包括四种：单相半波可控整流电路、单相桥式全控整流电路、单相全波可控整流电路及单相桥式半控整流电路。

3.1.1 单相半波可控整流电路 A 类考点

1. 带电阻负载的工作情况

电阻负载的特点是电压与电流成正比，两者波形相同。

图 3-1 所示为带电阻负载时的单相半波可控整流电路及波形。

[电路结构]

如图 3-1 所示的电路原理图中，T 为变压器，起变换电压和隔离的作用，其一次侧和二次侧电压的瞬时值分别用 u_1、u_2 来表示，有效值分别用及 U_1、U_2 来表示，通常 U_2 的大小根据需要的直流输出电压 u_d 的平均值 U_d 确定；VT 为晶闸管，在分析整流电路时，认为晶闸管是理想的；R 为电阻，其电压瞬时值为 u_d，电流瞬时值为 i_d。

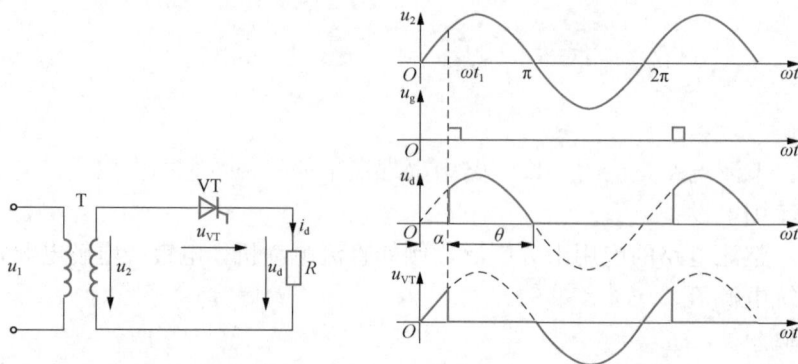

图 3-1 带电阻负载时的单相半波可控整流电路及波形

[工作原理]

单相半波可控整流电路带电阻负载时的工作波形如图 3-1 所示，i_d 的波形与 u_d 波形相同。

晶闸管 VT 处于断态：电路中无电流，直流侧输出电压瞬时值 u_d 和直流侧输出电流瞬时值 i_d 均为零，变压器二次侧绕组电压瞬时值 u_2 全部施加于晶闸管 VT 两端。

晶闸管 VT 处于通态：如在 u_2 正半周 VT 承受正向阳极电压期间的 ωt_1 时刻，给 VT 门极加触发脉冲，则 VT 开通。忽略晶闸管通态电压，则 $u_d = u_2$。至 $\omega t = \pi$，即 u_2 降为零时，电路中电流亦降至零，VT 关断。

其余周期重复上述过程。

[结论 1]

1) 改变触发时刻，u_d 和 i_d 波形随之改变，直流输出电压 u_d 为极性不变但瞬时值变化的脉动直流。u_d 的波形只在 u_2 正半周内出现，故称"半波"整流。加之电路中采用了可控器件晶闸管，且交流输入为单相，故该电路称为单相半波可控整流电路。

2) 整流电压 u_d 波形在一个电源周期中只脉动 1 次，故该电路为单脉波整流电路。

3) 变压器二次侧电流为单向，故该电路为单拍电路。

[结论 2]

1) 晶闸管的导通角 $\theta = \pi - a$。

2) 晶闸管承受的最大正、反向电压为 $U_{DM} = U_{RM} = \sqrt{2}U_2$。

3) 直流侧输出电压平均值为

$$U_d = \frac{1}{2\pi}\int_{\alpha}^{\pi} \sqrt{2}U_2 \sin\omega t\, d(\omega t) = 0.45U_2 \frac{1+\cos\alpha}{2}$$

U_d 是触发角 α 的函数，通过调节 α 即可控制 U_d 的大小。$\alpha = 0°$ 时，U_d 为最大，$U_{dmax} = U_{d0} = 0.45U_2$。随着 α 增大，U_d 减小；$\alpha = \pi$ 时，$U_d = 0$；该电路中触发角 α 的移相范围为 $0° \sim 180°$。

2. 带阻感负载的工作情况

实际生产中，更常见的负载为阻感负载，负载中的电感对电流的变化有抑制作用，从而使流过电感中的电流不能突变。

[工作原理]

图 3-2 为带阻感负载的单相半波可控整流电路及其波形。

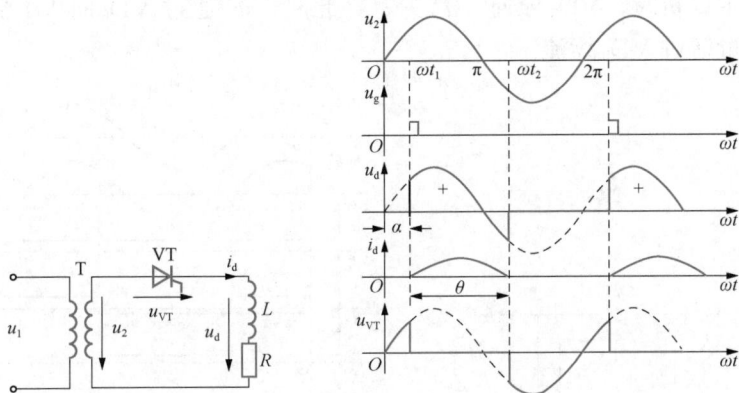

图 3-2　带阻感负载的单相半波可控整流电路及波形

晶闸管 VT 处于断态：电路中电流 $i_d = 0$，负载两端电压 $u_d = 0$，电源电压 u_2 全部加在 VT 两端。

晶闸管 VT 处于通态：

在 ωt_1 时刻，即触发角 α 处，触发 VT 使其开通，u_2 加于负载两端，因电感 L 的存在使 i_d 不能突变，i_d 从 0 开始增加，同时 L 的感应电动势试图阻止 i_d 增加。这时，交流电源一方面供给电阻 R 消耗的能量，另一方面供给电感 L 吸收的磁场能量。

到 u_2 由正变负的过零点处，u_2 已经处于减小的过程中，但尚未降到零，因此 VT 仍处于通态。此后，L 中储存的能量逐渐释放，一方面供给电阻消耗的能量，另一方面供给变压器二次绕组吸收的能量，从而维持 i_d 流动。

至 ωt_2 时刻，电感能量释放完毕，i_d 降至零，VT 关断并立即承受反压。

直流侧输出电压平均值为

$$U_d = \frac{1}{2\pi} \int_{\alpha}^{\pi} \sqrt{2} U_2 \sin\omega t \, \mathrm{d}(\omega t) + \frac{1}{2\pi} \int_{\pi}^{\omega t_2} \sqrt{2} U_2 \sin\omega t \, \mathrm{d}(\omega t)$$

[结论]

（1）由于电感的存在延迟了 VT 的关断时刻，使 u_d 波形出现负的部分，与带电阻负载时相比，其平均值 U_d 下降。

（2）当负载阻抗角 φ 或触发角 α 不同时，晶闸管的导通角也不同。

1）若 φ 为定值，α 角越大，在 u_2 正半周电感 L 储能越少，维持导电的能力就越弱，θ 越小。

2）若 α 为定值，φ 越大，则 L 储能越多，θ 越大。且 φ 越大，在 u_2 负半周 L 维持晶闸管导通的时间就越接近晶闸管在 u_2 正半周导通的时间，u_d 中负的部分越接近正的部分，平均值 U_d 越接近零，输出的直流电流平均值也越小。

3. 带续流二极管的工作情况

为解决上述矛盾，在整流电路的负载两端并联一个二极管 VD_R，如图 3-3 所示。

[工作原理]

1）与没有续流二极管时的情况相比，在 u_2 正半周时两者工作情况相同。

2）当 u_2 过零变负时，VD_R 导通，u_d 为零。此时，u_2 通过 VD_R 向 VT 施加反压使其关断，L 储存的能量通过 VD_R 续流。

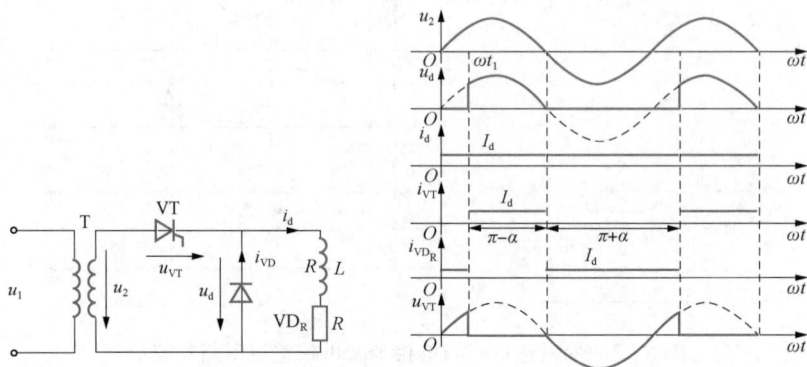

图 3-3　单相半波带阻感负载有续流二极管的电路及波形

[重要结论 1]

1）忽略二极管的通态电压，则在续流期间 u_d 为零，与电阻负载时基本相同，其波形中不再出现负的部分。

2）但与电阻负载时相比，i_d 的波形不同。若 L 足够大，i_d 连续，且 i_d 波形接近一条水平线。

3）晶闸管触发角的移相范围为 $0 \sim 180°$；

4）晶闸管的导通角为 $\theta = \pi - \alpha$；续流二极管 VD_R 的导通角为 $\theta = \pi + \alpha$。

5）晶闸管 VT 承受的最大正反向电压均为 $U_{DM} = U_{RM} = \sqrt{2}U_2$；续流二极管 VD_R 承受的最大反向电压为 $U_{RM} = \sqrt{2}U_2$。

[基本数量关系]

1）晶闸管电流的平均值及有效值分别为

$$I_{dVT} = \frac{\pi - \alpha}{2\pi} I_d, \ I_{VT} = \sqrt{\frac{\pi - \alpha}{2\pi}} I_d$$

2）续流二极管电流的平均值及有效值分别为

$$I_{dVDR} = \frac{\pi + \alpha}{2\pi} I_d, \ I_{VDR} = \sqrt{\frac{\pi + \alpha}{2\pi}} I_d$$

[重要结论 2]

单相半波可控整流电路的特点：

1）简单；

2）输出脉动大；

3）变压器二次电流中含直流分量，造成变压器铁心直流磁化。为使变压器铁心不饱和，需增大铁心截面积，增大了设备的容量。

4）实际上很少应用此种电路。

3.1.2 单相桥式全控整流电路 A 类考点

单相整流电路中应用较多的是单相桥式全控整流电路。

1. 带电阻负载的工作情况

图 3-4 为带电阻负载的单相桥式全控整流电路及其波形。

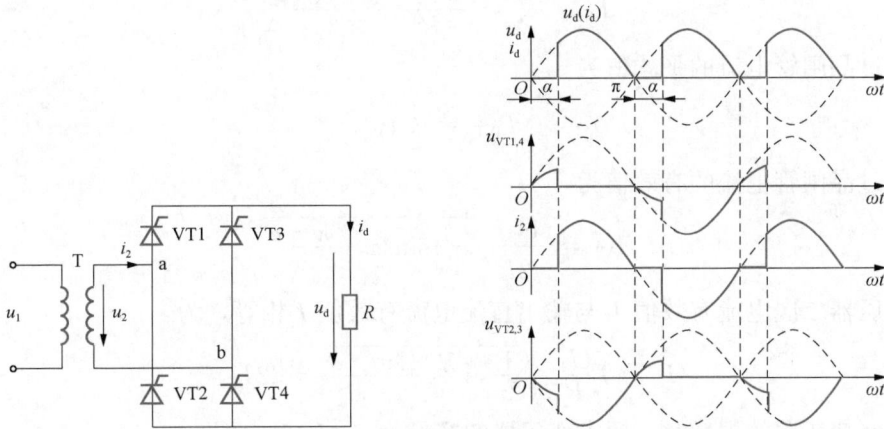

图 3-4 带电阻负载的单相桥式全控整流电路及波形

[工作原理]

在单相桥式全控整流电路中,晶闸管 VT1 和 VT4 组成一对桥臂,VT2 和 VT3 组成另一对桥臂。

1) 在 u_2 正半周,若 4 个晶闸管均不导通,负载电流 i_d 为零,u_d 也为零,VT1 和 VT4 串联承受电压 u_2,设 VT1 和 VT4 的漏电阻相等,则各承受 u_2 的一半。

2) 若在触发角 α 处给 VT1 和 VT4 加触发脉冲,VT1 和 VT4 即导通,电流从电源 a 端经 VT1、R、VT4 流回电源 b 端。

3) 当 u_2 过零时,流经晶闸管的电流也降到零,VT1 和 VT4 关断。

4) 在 u_2 负半周,仍在触发延迟角 α 处触发 VT2 和 VT3,VT2 和 VT3 导通,电流从电源 b 端流出,经 VT3、R、VT2 流回电源 a 端。

5) 到 u_2 过零时,电流又降为零,VT2 和 VT3 关断。

[重要结论]

1) 由于在交流电源的正负半周都有整流输出电流流过负载,故该电路为全波整流。

2) 在 u_2 一个周期内,整流电压波形脉动 2 次,脉动次数多于半波整流电路,该电路属于双脉波整流电路。

3) 变压器二次绕组中,正负两个半周电流方向相反且波形对称,平均值为零,即直流分量为零,不存在变压器直流磁化问题,变压器绕组的利用率也高。

4) 晶闸管的导通角为 $\theta = \pi - \alpha$。

5) 晶闸管承受的最大正向电压为 $U_{DM} = \sqrt{2}U_2/2$,最大反向电压为 $U_{RM} = \sqrt{2}U_2$。

[基本数量关系]

1) 直流侧输出电压平均值为

$$U_d = \frac{1}{\pi} \int_\alpha^\pi \sqrt{2} U_2 \sin\omega t \, d(\omega t) = 0.9 U_2 \frac{1+\cos\alpha}{2}$$

$\alpha = 0°$ 时，整流输出电压平均值为最大，$U_d = U_{d0} = 0.9 U_2$。$\alpha = \pi$ 时，$U_d = 0$，该电路中 VT 的 α 移相范围为 $0° \sim 180°$。

2）向负载输出的直流电流平均值为

$$I_d = \frac{U_d}{R} = \frac{0.9 U_2}{R} \frac{1+\cos\alpha}{2}$$

3）流过晶闸管电流的平均值为

$$I_{dVT} = \frac{1}{2} I_d$$

4）流过晶闸管电流的有效值为

$$I_{VT} = \frac{U_2}{\sqrt{2} R} \sqrt{\frac{1}{2\pi} \sin 2\alpha + \frac{\pi-\alpha}{\pi}}$$

5）变压器二次电流有效值 I_2 与输出直流电流有效值 I 相等，为

$$I_2 = I \frac{U_2}{R} \sqrt{\frac{1}{2\pi} \sin 2\alpha + \frac{\pi-\alpha}{\pi}} = \sqrt{2} I_{VT}$$

6）忽略变压器的损耗时，要求变压器的容量为 $S = U_2 I_2$。

2. 带阻感负载时的工作情况

假设负载电感很大，负载电流 i_d 连续且波形近似为一水平线。

[工作原理]

图 3-5 为带阻感负载的单相桥式全控整流电路及其波形。

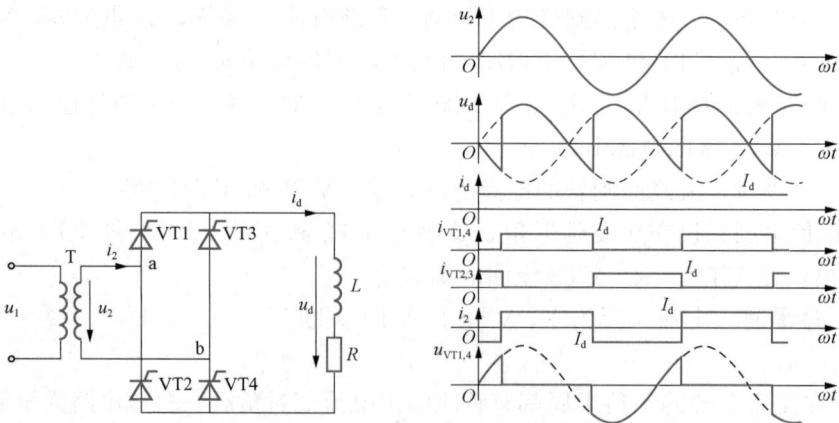

图 3-5　带阻感负载的单相桥式全控整流电路及波形

1）在 u_2 的正半周期，触发角 α 处给晶闸管 VT1 和 VT4 加触发脉冲使其开通，$u_d = u_2$。

2）当 u_2 过零变负时，由于电感的作用晶闸管 VT1 和 VT4 中仍流过电流 i_d，并不关断。

3）至 $\omega t = \pi + \alpha$，给 VT2 和 VT3 加触发脉冲，因 VT2 和 VT3 本已承受正电压，故两管导通。VT2 和 VT3 导通后，u_2 通过 VT2 和 VT3 分别向 VT1 和 VT4 施加反压使这两个器件关断，流过 VT1 和 VT4 的电流迅速转移到 VT2 和 VT3 上。

[重要结论 1]

1）晶闸管的导通角为 $\theta=180°$，与触发角 α 无关；

2）晶闸管承受的最大正反向电压为

$$U_{DM} = U_{RM} = \sqrt{2}U_2$$

[基本数量关系]

1）直流侧输出电压平均值为

$$U_d = \frac{1}{\pi}\int_{\alpha}^{\pi+\alpha} \sqrt{2}U_2\sin\omega t\,\mathrm{d}(\omega t) = 0.9U_2\cos\alpha$$

$\alpha=0°$ 时，整流输出电压平均值为最大，$U_d=U_{d0}=0.9U_2$。$\alpha=90°$ 时，$U_d=0$，该电路中晶闸管触发角 α 的移相范围为 $0°\sim90°$。

2）流过晶闸管电流的平均值为

$$I_{dVT} = \frac{1}{2}I_d$$

3）流过晶闸管电流的有效值为

$$I_{VT} = \frac{1}{\sqrt{2}}I_d$$

4）变压器二次电流 i_2 的波形为正负各 $180°$ 的矩形波，其相位由触发角 α 角决定，电流的有效值为

$$I_2 = I_d$$

3. 带反电动势负载时的工作情况

当负载为蓄电池、直流电动机的电枢（忽略其中的电感）等时，负载可看成是一个直流电压源，对于整流电路，它们就是反电动势负载。

（1）反电动势—电阻负载。

只有 $|u_2|>E$ 时，才有晶闸管承受正电压，有导通的可能。

1）$\alpha>\delta$：晶闸管触发导通之后，$u_d=u_2$，直至 $|u_2|=E$，i_d 降到零使得晶闸管关断，此后 $u_d=E$。图 3-6 为带反电动势—电阻负载的单相桥式全控整流电路及其波形。

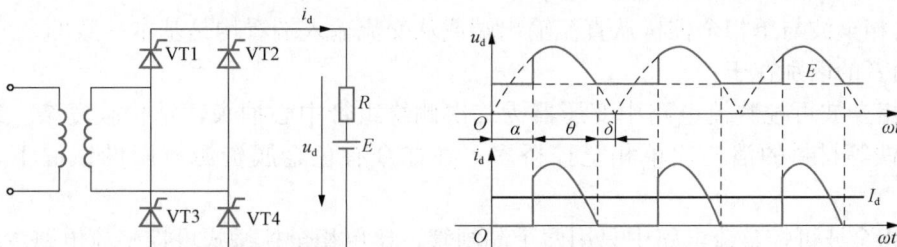

图 3-6　带反电动势—电阻负载的单相桥式全控整流电路及波形

与电阻负载时相比，晶闸管提前了电角度 δ 停止导电，δ 称为停止导电角。

$$\delta = \arcsin(E/\sqrt{2}U_2)$$

[重要结论 1]

晶闸管的导通角为 $\theta=\pi-\alpha-\delta$。

在触发角 α 相同时，整流输出电压平均值比电阻负载时大。

2）$\alpha < \delta$：晶闸管承受负电压，不可能导通。为了使晶闸管可靠导通，要求触发脉冲有足够的宽度，以使得当 $\omega t = \delta$ 时刻有晶闸管开始承受正电压时，触发脉冲仍然存在。相当于触发角被推迟了 δ。

［重要结论 2］

晶闸管的导通角为 $\theta = \pi - 2\delta$，与触发角无关。

输出电压 u_d 波形与不控整流电路相同。

（2）直流电动机负载。

如果出现电流断续，则电动机的机械特性将很软。为了使负载电流连续，一般在主电路的直流输出侧串联一个平波电抗器，用来减少电流的脉动和延长晶闸管导通的时间。

3.1.3 单相全波可控整流电路 B类考点

单相全波可控整流电路又称为单相双半波可控整流电路。

［带电阻负载时的工作原理］

图 3-7 为带电阻负载的单相全波可控整流电路及其波形，变压器 T 带中心抽头。

1）在 u_2 正半周，VT1 工作，变压器二次绕组上半部分流过电流；

2）u_2 负半周，VT2 工作，变压器二次绕组下半部分流过反方向的电流。

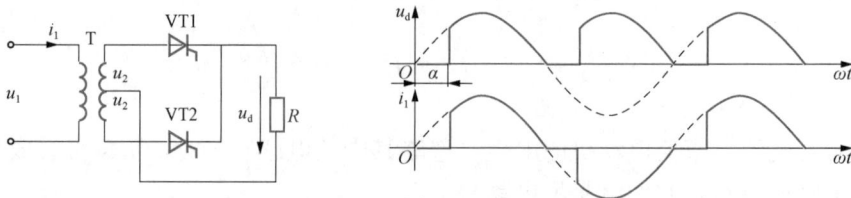

图 3-7 带电阻负载的单相全波可控整流电路及波形

［重要结论］

1）单相全波可控整流电路的 u_d 波形与单相全控桥的一样，交流输入端电流波形一样，变压器也不存在直流磁化的问题。

2）单相全波与单相全控桥从直流输出端或从交流输入端看均是基本一致的。

3）两者的区别在于：

①单相全波可控整流电路中变压器为二次侧绕组带中心抽头，结构较复杂。绕组及铁心对铜、铁等材料的消耗比单相全控桥多，在如今有色金属资源有限的情况下，这是不利的。

②单相全波可控整流电路中只用两个晶闸管，比单相全控桥式可控整流电路少两个，相应地，晶闸管的门极驱动电路也少两个。但是在单相全波可控整流电路中，晶闸管承受的最大电压为 $2\sqrt{2}U_2$，是单相全控桥整流电路的两倍。

③单相全波可控整流电路中，导电回路只含一个晶闸管，比单相桥少一个，因而管压降也少一个。

从上述②、③考虑，单相全波电路有利于在低输出电压的场合应用。

3.1.4　单相桥式半控整流电路　B 类考点

[电路分析]

将单相桥式全控整流电路中的 VT2 和 VT4 换成 VD2 和 VD4，即成为单相桥式半控整流电路。半控电路与全控电路在电阻负载时的工作情况相同。以下针对电感负载进行分析。

1. 不带续流二极管

[正常时的工作原理]

每一个导电回路由 1 个晶闸管和 1 个二极管构成。

1）在 u_2 正半周，触发角 α 处触发 VT1，u_2 经 VT1 和 VD4 向负载供电。

2）u_2 过零变负时，因电感作用使电流连续，VT1 继续导通，但因 a 点电位低于 b 点电位，电流是由 VT1 和 VD2 续流，$u_d = 0$。不像全控桥那样会出现 u_d 为负的情况。

3）在 u_2 负半周，触发角 α 处触发触发 VT3，VT3 向 VT1 加反压使之关断，u_2 经 VT3 和 VD2 向负载供电。

4）u_2 过零变正时，VD4 导通，VD2 关断。VT3 和 VD4 续流，u_d 又为零。

[失控现象]

当触发角 α 突然增大至 180°或触发脉冲丢失时，会发生一个晶闸管持续导通而两个二极管轮流导通的情况，这使 u_d 成为正弦半波，即半周期 u_d 为正弦，另外半周期 u_d 为零，其平均值保持恒定，相当于单相半波不可控整流电路时的波形，称为失控。

2. 带续流二极管

图 3-8 为单相桥式半控整流电路，带续流二极管的阻感负载时电路及波形。

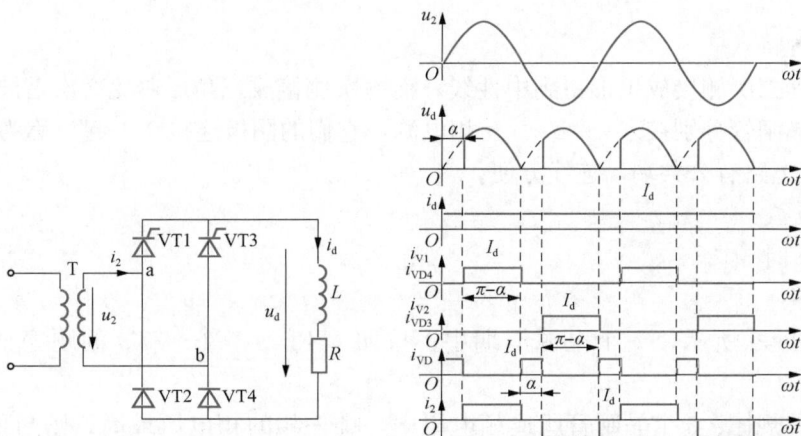

图 3-8　单相桥式半控整流电路，带续流二极管的阻感负载时电路及波形

[重要结论]

1）有续流二极管 VDR 时，续流过程由 VDR 完成，避免了失控的现象。

2）续流期间导电回路中只有一个管压降，少了一个管压降，有利于降低损耗。

笔记

3.2 三相可控整流电路 A类考点

当负载容量较大，或要求直流电压脉动较小、容易滤波时，应采用三相整流电路，其交流侧由三相电源供电。三相可控整流电路中，最基本的是三相半波可控整流，应用最广泛的是三相桥式全控整流、双反星型可控整流及十二脉波可控整流电路等。

3.2.1 三相半波可控整流电路

[电路结构特点]

1）变压器二次侧接成星形得到中性线，而一次侧接成三角形避免3次谐波流入电网。

2）三个晶闸管分别接入 a、b、c 三相电源，它们的阴极连接在一起，称为共阴极接法，这种接法触发电路有公共端，连线方便。

1. 电阻负载

（1）$\alpha = 0°$时

[工作原理]

1）如图 3-9 所示，一个电源周期中，按照 VT1—VT2—VT3 的顺序依次轮流触发导通。

2）导通的规律：3 个晶闸管所连相电压中，哪一相的相电压最高，则与该相所连晶闸管导通，并关断上一个已导通的晶闸管，输出整流电压即为该相的相电压。

[结论 1]

1）一周期中 VT1、VT2、VT3 轮流导通，每管各导通 120°，负载电流连续。

2）输出的整流电压 u_d 的波形是三相交流相电压正半周的包络线。

3）在一个电源周期内，u_d 的波形脉动 3 次，脉动频率为 $50 \times 3 = 150 \text{Hz}$。

4）整流电压变压器二次侧 a 绕组和晶闸管 VT1 串联，所以二者电流波形相同，另两相电流波形形状与 a 相同，相位依次滞后 120°。因此，变压器二次绕组电流有直流分量。

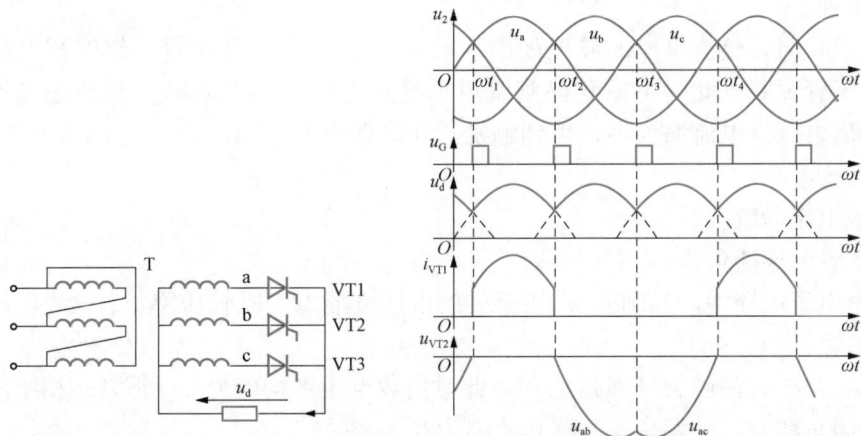

图 3 - 9　三相半波可控整流电路电阻负载时的电路及 $\alpha = 0°$ 时的波形

5）一个电源周期中，晶闸管 VT1 承受的电压波形，由 3 段组成。第 1 段：VT1 导通期间，u_{VT1} 为其管压降，可近似为 0；第 2 段：VT1 关断，VT2 导通期间，$u_{VT1} = u_a - u_b = u_{dab}$，为一段线电压；第 3 段，即 VT3 导通期间，$u_{VT1} = u_a - u_c = u_{dac}$，是另一段线电压。所以晶闸管电压由一段管压降和两段线电压组成。

6）$\alpha = 0°$ 时，晶闸管承受的两段线电压均为负值。

7）随着触发角 α 的增大，晶闸管承受的电压中正的部分逐渐增多。

（2）$\alpha = 30°$ 时

$\alpha = 30°$ 时，各参数波形如图 3 - 10（a）所示。

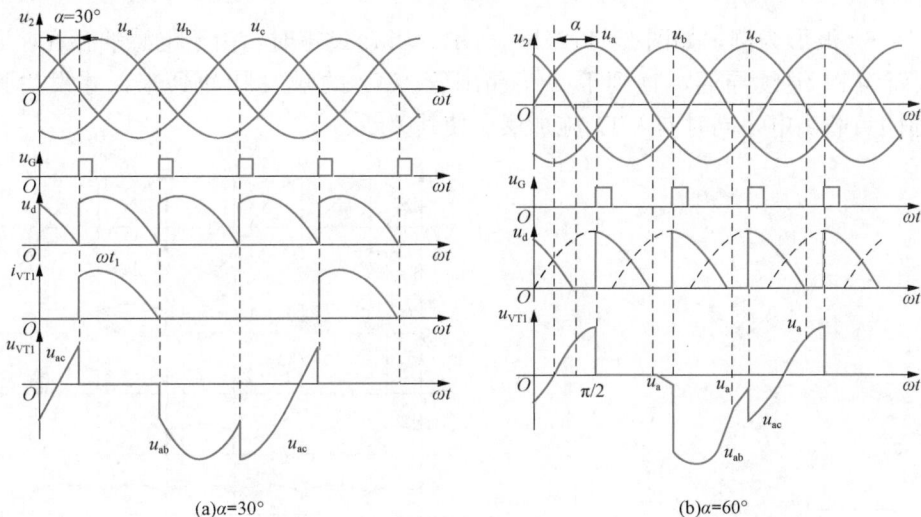

(a)$\alpha = 30°$　　　　　　　　　　　　　(b)$\alpha = 60°$

图 3 - 10　三相半波可控整流电路，电阻负载，$\alpha = 30°$ 及 $\alpha = 60°$ 时波形

［结论 2］

1）负载电流处于连续和断续之间的临界状态。

2）各相（或各晶闸管）仍然导电 120°。

（3）$\alpha > 30°$ 时

[工作原理]

例如 $\alpha=60°$ 时，整流电压的波形如图 3-10（b）所示，当导通一相的相电压过零变负时，该相晶闸管关断。此时下一相晶闸管虽承受正电压，但它的触发脉冲还未到，不会导通，因此输出电压、电流均为零，直到触发脉冲出现为止。

[重要结论]

1）负载电流断续。

2）晶闸管的导通角为 $\theta=150°-\alpha$。

3）一个电源周期中，晶闸管 VT1 承受的电压波形由 1 段管压降、2 段线电压以及 3 段相电压组成。

4）当 $\alpha=150°$，晶闸管导通角为 $0°$，此时负载电压平均值为 0。所以三相半波可控整流电路带纯电阻负载时，触发角 α 的移相范围为 $0°\sim150°$。

2. 阻感负载

如果负载为阻感负载，且 L 值很大，则如图 3-11（a）所示，整流电流 i_d 的波形基本是平直的，流过晶闸管的电流接近矩形波。

（1）$\alpha\leqslant30°$ 时

[结论]

电路的工作情况与带电阻负载时十分相似，各晶闸管的通断情况、输出整流电压 u_d 波形、晶闸管承受的电压 u_{VT} 波形等都一样。区别在于：由于负载不同，同样的整流输出电压加到负载上，得到的负载电流 i_d 波形不同。而在晶闸管的导通段，i_{VT} 波形由负载电流 i_d 波形决定。

（2）$\alpha>30°$ 时

[工作原理]

以 $\alpha=60°$ 波形为例，如图 3-11（b）所示。当 u_2 过零时，由于电感的存在，阻止电流下降，因而 VT1 继续导通，直到下一相晶闸管 VT2 的触发脉冲到来，才发生换流，由 VT2 导通向负载供电，同时向 VT1 施加反压使其关断。

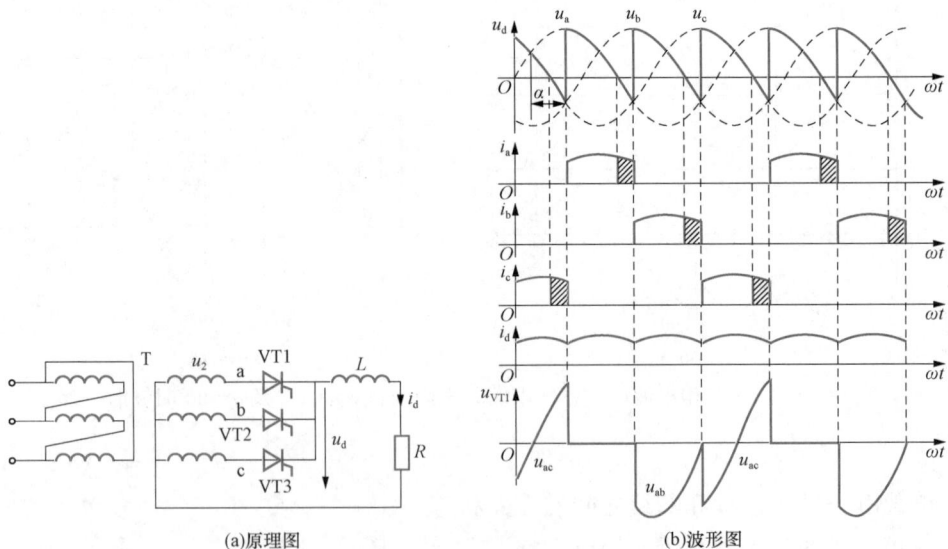

图 3-11　三相半波可控整流电路带阻感负载 $\alpha=60°$ 时的原理图及波形

[结论]

1）u_d 波形中出现负的部分。随着触发角 α 增大，u_d 波形中负的部分将增多。直到 $\alpha=$ 90°时，u_d 波形中正负半周面积相等，其平均值为 0。因此，带阻感负载时触发角的移相范围为 0°～90°。

2）整个移相范围内，晶闸管的导通角均为 120°。

[基本数量关系]

1）当整流输出电压连续时（即带阻感负载时，或带电阻负载 $\alpha \leqslant 30°$时）的平均值为

$$U_d = 1.17U_2\cos\alpha$$

当 $\alpha=0°$时，U_d 最大，为 $U_{dmax}=U_{d0}=1.17U_2$。

带电阻负载且 $\alpha>30°$时，整流电压平均值为

$$U_d = \frac{1}{2\pi/3}\int_{\frac{\pi}{6}+\alpha}^{\pi}\sqrt{2}U_2\sin\omega t\,\mathrm{d}(\omega t) = 0.675U_2\left[1+\cos\left(\frac{\pi}{6}+\alpha\right)\right]$$

2）负载电流平均值

$$I_d = \frac{U_d}{R}$$

3）晶闸管电流的平均值

$$I_{dVT} = \frac{I_d}{3}$$

4）带阻感负载（L 值很大）时，变压器二次电流即晶闸管电流的有效值为

$$I_2 = I_{VT} = \frac{I_d}{\sqrt{3}}$$

5）带电阻负载时，晶闸管承受的最大正反向电压分别为

$$U_{DM} = \sqrt{2}U_2,\ U_{RM} = \sqrt{6}U_2$$

6）带阻感负载（L 值很大）时，晶闸管承受的最大正反向电压分别为

$$U_{DM} = U_{RM} = \sqrt{6}U_2$$

[结论]

三相半波可控整流电路的主要缺点在于其变压器二次电流中含有直流分量，因此其应用较少。

笔记

3.2.2 三相桥式全控整流电路

目前在各种整流电路中，应用最为广泛的是三相桥式全控整流电路，其原理如图 3-12 所示。习惯上希望晶闸管按从 1～6 的顺序导通。为此将晶闸管按图示的顺序编号，即共阴极组中与 a、b、c 三相电源相接的三个晶闸管分别为 VT1、VT3、VT5，共阳极组中与 a、b、c 三相电源相接的三个晶闸管分别为 VT4、VT6、VT2。

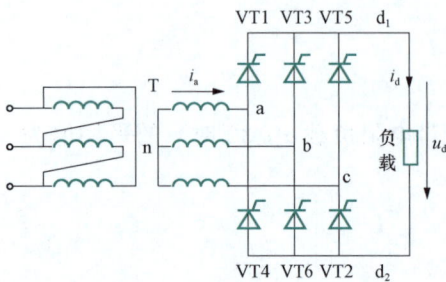

图 3-12 三相桥式全控整流电路带电阻负载的电路原理图

1. 电阻负载

三相桥式全控整流电路带电阻负载时，$\alpha = 0°$ 和 $\alpha = 30°$ 时各参数波形如图 3-13 所示，晶闸管及输出整流电压的情况如表 3-1 所示。

表 3-1　　　　三相桥式全控整流电路电阻负载 $\alpha = 0°$ 和 $\alpha = 30°$ 时晶闸管工作情况

时段	Ⅰ	Ⅱ	Ⅲ	Ⅳ	Ⅴ	Ⅵ
共阴极组中导通的晶闸管	VT1	VT1	VT3	VT3	VT5	VT5
共阳极组中导通的晶闸管	VT6	VT2	VT2	VT4	VT4	VT6
整流输出电压 u_d	$u_a - u_b = u_{ab}$	$u_a - u_c = u_{ac}$	$u_b - u_c = u_{bc}$	$u_b - u_a = u_{ba}$	$u_c - u_a = u_{ca}$	$u_c - u_b = u_{cb}$

（1）$\alpha = 0°$ 时，波形如图 3-13（a）所示。

[工作原理]

1）对于共阴极组的 3 个晶闸管，阳极所接交流相电压最高的一个导通；而对于共阳极组的 3 个晶闸管，则是阴极所连交流相电压最低的一个导通。任意时刻，共阴极组和共阳极组中各有一个晶闸管处于导通状态，施加于负载上的电压为对应的线电压。

2）各晶闸管均在自然换相点处换相，各个晶闸管都按相同的规律依次触发导通并关断前一个已导通的同组的晶闸管。

[结论]

1）整流输出电压 u_d 波形为线电压在正半周的包络线；在一个电源周期内，u_d 的波形为 6 段线电压拼接而成；各晶闸管的导通角均为 120°，负载电流连续。

2）晶闸管承受电压的波形与三相半波时相同，晶闸管承受最大正、反向电压的关系也一样。

（2）$\alpha = 30°$ 时，各参数波形如图 3-13（b）所示。

[结论]

1）与 $\alpha = 0°$ 时的情况相比，一周期中 u_d 波形仍由六段线电压构成，每一段导通晶闸管的编号等仍符合表 3-1 的规律。区别在于晶闸管起始导通时刻推迟了 30°，组成 u_d 的每一段线电压因此推迟 30°；u_d 的平均值降低。

2）各相（或各晶闸管）仍然导电 120°。

[三相桥式全控整流电路的一些特点如下]

①需两个晶闸管同时导通才能形成向负载供电的回路，其中一个晶闸管是共阴极组的，一个是共阳极组的，且不能为同一相的晶闸管。

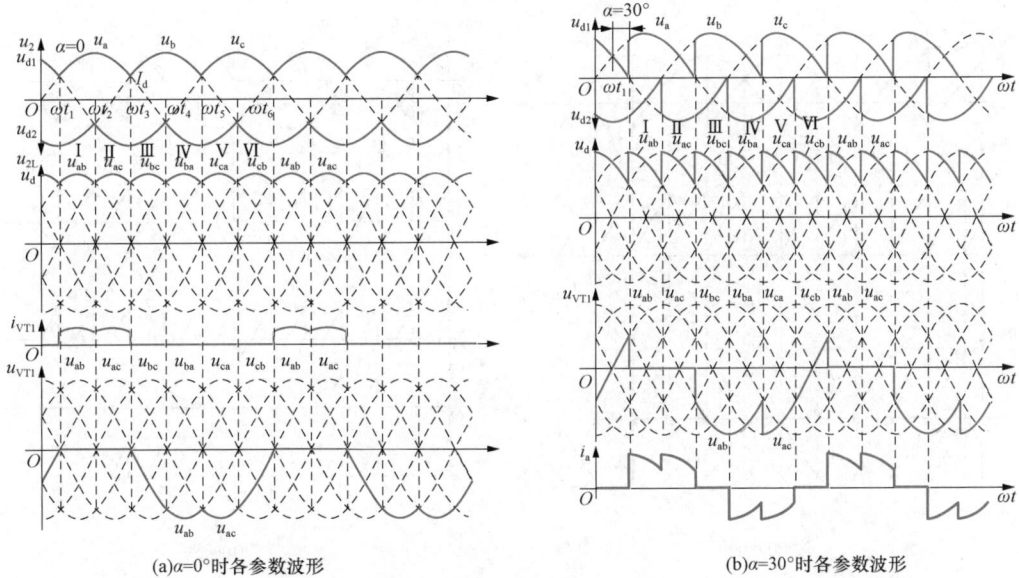

(a)$\alpha=0°$时各参数波形　　　　　　　(b)$\alpha=30°$时各参数波形

图 3-13　三相桥式全控整流电路带电阻负载 $\alpha=0°$ 和 $\alpha=30°$ 时各参数波形

②对触发脉冲的要求：六个晶闸管的脉冲按 VT1－VT2－VT3－VT4－VT5－VT6 的顺序，相位依次差 60°；共阴极组 VT1、VT3、VT5 的脉冲依次差 120°，共阳极组 VT4、VT6、VT2 也依次差 120°；同一相的上下两个桥臂，即 VT1 与 VT4，VT3 与 VT6，VT5 与 VT2，脉冲相差 180°。

③整流输出电压 u_d 一周期脉动六次，每次脉动的波形都一样，故该电路为六脉波整流电路，脉动频率为 $50×6=300Hz$，比三相半波时大 1 倍。

④由于三相桥式全控整流电路每相上、下桥臂各有一个晶闸管，变压器二次侧绕组中均可在正、反两个方向上流过电流。这样，变压器绕组电流平均值为零，无直流磁化问题。

⑤在整流电路合闸启动过程中或电流断续时，为确保电路的正常工作，需保证同时导通的两个晶闸管均有脉冲。为此，可采用两种方法：一种方法是，使脉冲宽度大于 60°（一般取 80°～100°），称为宽脉冲触发；另一种方法是，在触发某个晶闸管的同时，给前一个晶闸管补发脉冲，即用两个窄脉冲代替宽脉冲，两个窄脉冲的前沿相差 60°，脉宽一般为 20°～30°，称为双脉冲触发。常用的是双脉冲触发。

（3）$\alpha=60°$时，各参数波形如图 3-14（a）所示。

［结论］

1）电路工作情况仍可对照表 3-1 分析。u_d 波形中每段线电压的波形继续向后移，u_d 平均值继续降低。$\alpha=60°$ 时 u_d 出现了为零的点，负载电流处于连续和断续的临界状态。

2）各相（或各晶闸管）仍然导电 120°。

3）在一个电源周期中，u_{VT} 波形仍是由一段管压降和两段线电压组成，且各占 1/3。

4）欲使负载电流连续时，触发角 α 的移相范围为 $0°\leqslant a<60°$。

（4）$\alpha>60°$时

例如 $\alpha=90°$时，各参数波形如图 3-14（b）所示。

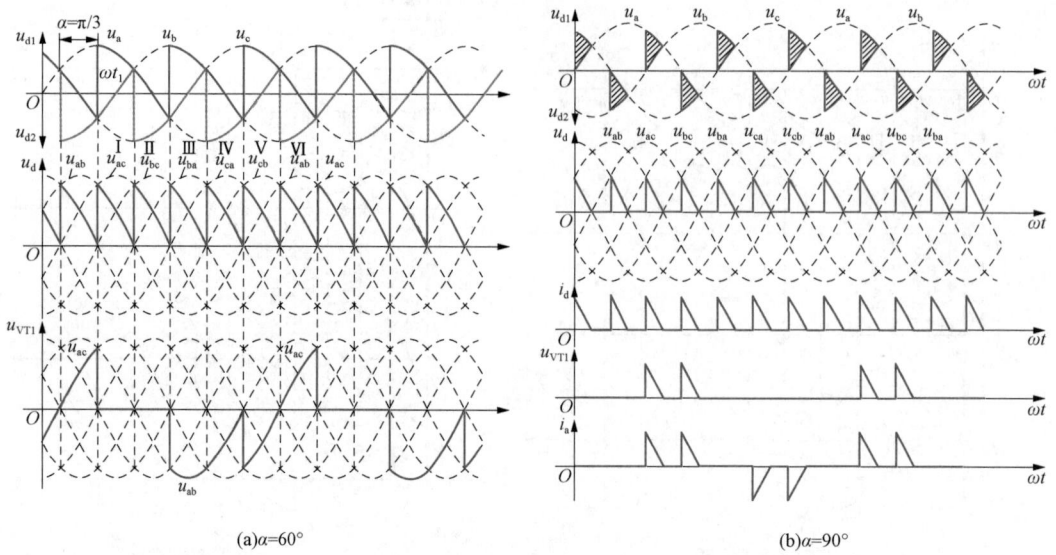

(a)α=60°　　　　　　　(b)α=90°

图 3-14　三相桥式全控整流电路，
电阻负载，$\alpha = 60°$ 及 $\alpha = 90°$ 时波形

[结论]

1）u_d 波形每 60°中有 30°为零（负载电流断续），这是因为电阻负载时 i_d 波形与 u_d 波形一致，一旦 u_d 降至零，i_d 也降至零。流过晶闸管的电流即降至零，晶闸管关断，输出整流电压 u_d 为零。因此，u_d 波形不能出现负值。

2）如果 a 角继续增大至 120°，整流输出电压 u_d 波形将全为零，其平均值 U_d 也为零，可见带电阻负载时三相桥式全控整流电路，α 角的移相范围是 0°～120°。

3）晶闸管的导通角为 $\theta = 2 \times (120° - \alpha)$。

2. 阻感负载

三相桥式全控整流电路大多用于向阻感负载和反电动势阻感负载供电（即用于直流电动机传动），如图 3-15 所示。

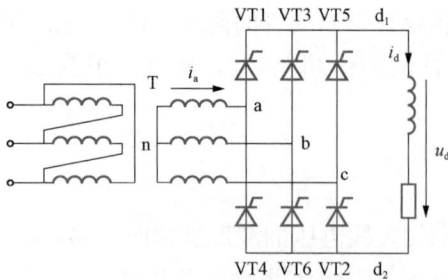

图 3-15　三相桥式全控整流电路带阻感负载时的电路原理图

（1）$\alpha \leqslant 60°$ 时

图 3-16 分别给出了三相桥式全控整流电路带阻感负载 $\alpha = 0°$ 和 $\alpha = 30°$ 时的波形。

[结论]

1）电路的工作情况与带电阻负载时十分相似，各晶闸管的通断情况、输出整流电压 u_d 的波形、晶闸管承受电压 u_{VT} 的波形等都一样。

2）区别在于由于负载不同，同样的整流输出电压加到负载上，得到的负载电流 i_d 波形不同：电阻负载时 i_d 波形与 u_d 波形形状一样；而阻感负载时，由于电感的作用，使得负载电流波形变得平直，当电感足够大的时候，负载电流的波形可近似为一条水平线。在晶闸管的导通段，i_{VT} 波形由负载电流 i_d 波形决定。

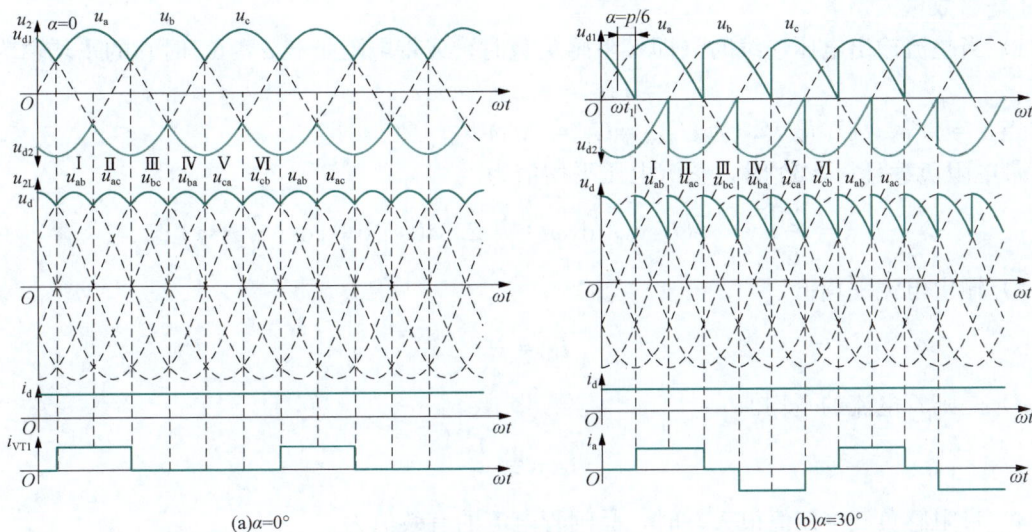

图 3-16　三相桥式全控整流电路带阻感负载 $\alpha=0°$ 及 $\alpha=30°$ 时波形

（2）$\alpha>60°$ 时

图 3-17 给出了 $\alpha=90°$ 时的波形。

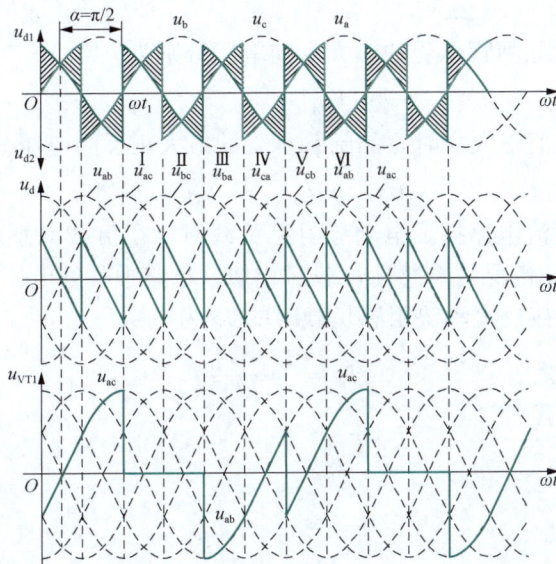

图 3-17　三相桥式全控整流电路带阻感负载，$\alpha=90°$ 时波形

［结论］

1）当 $\alpha>60°$ 时，阻感负载时的工作情况与电阻负载时不同，电阻负载时 u_d 波形不会出现负的部分；而阻感负载时，由于电感 L 的作用，u_d 波形会出现负的部分。

2）若电感 L 值足够大，u_d 中正负面积将基本相等，u_d 平均值近似为零。这表明，带阻感负载时，三相桥式全控整流电路的 α 角移相范围为 $0°\sim90°$。

3）整个移相范围内，晶闸管的导通角均为 $120°$。

[基本数量关系]

1）当整流输出电压连续时（即带阻感负载时，或带电阻负载 $\alpha \leqslant 60°$ 时）的平均值为

$$U_d = 2.34U_2\cos\alpha$$

当 $\alpha = 0°$ 时，U_d 最大，为 $U_{dmax} = U_{d0} = 2.34U_2$。

带电阻负载且 $\alpha > 60°$ 时，整流电压平均值为

$$U_d = \frac{3}{\pi}\int_{\frac{\pi}{3}+\alpha}^{\pi}\sqrt{6}U_2\sin\omega t\,\mathrm{d}(\omega t) = 2.34U_2\left[1+\cos\left(\frac{\pi}{3}+\alpha\right)\right]$$

2）输出电流平均值

$$I_d = \frac{U_d}{R}$$

3）晶闸管电流的平均值

$$I_{dVT} = \frac{I_d}{3}$$

4）带阻感负载（L 值很大）时，晶闸管电流的有效值为

$$I_{VT} = \frac{I_d}{\sqrt{3}}$$

5）带阻感负载（L 值很大）时，变压器二次侧电流的有效值为

$$I_2 = \sqrt{\frac{1}{2\pi}\left(I_d^2\times\frac{2\pi}{3}+(-I_d)^2\times\frac{2\pi}{3}\right)} = \sqrt{\frac{2}{3}}I_d$$

6）带电阻负载时，晶闸管承受的最大反向电压分别为

$$U_{RM} = \sqrt{6}U_2$$

7）带阻感负载（L 值很大）时，晶闸管承受的最大正反向电压分别为

$$U_{DM} = U_{RM} = \sqrt{6}U_2$$

8）三相桥式全控整流电路接反电动势阻感负载时，在负载电感足够大足以使负载电流连续的情况下，电路工作情况与电感性负载时相似，电路中各处电压、电流波形均相同，仅在计算 I_d 时有所不同，接反电动势阻感负载时的 I_d 为

$$I_d = \frac{U_d - E}{R}$$

笔记

3.3　变压器漏感对整流电路的影响　B 类考点

前面分析整流电路时，均未考虑包括变压器漏感在内的交流侧电感的影响，认为换相是瞬时完成的。但实际上变压器绕组总有漏感，该漏感可用一个集中的电感 L_B 表示，并将其折算到变压器二次侧。由于电感对电流的变化起阻碍作用，使电感电流不能突变，因此换相过程不能瞬间完成，而是会持续一段时间。

图 3-18 为考虑变压器漏感时的三相半波可控整流电路带电感负载的电路及波形。假设负载中电感很大，负载电流为水平线。

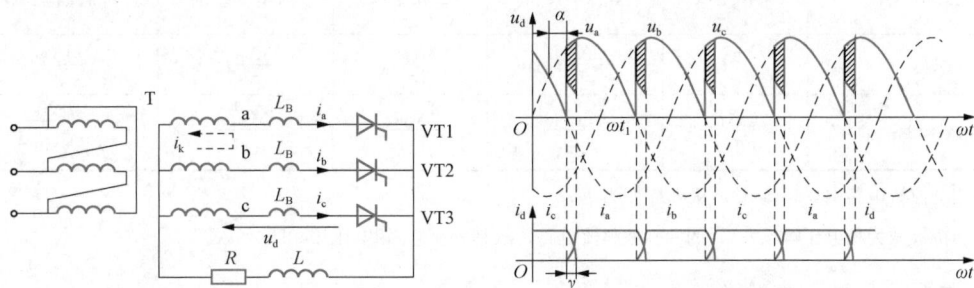

图 3-18　考虑变压器漏感时的三相半波可控整流带电感负载的电路及波形

[工作原理]

（1）该电路在交流电源的一周期内有 3 次晶闸管换相过程，各次换相情况一样。

（2）以 VT1 换相至 VT2 的过程为例：

1）在 ωt_1 时刻之前 VT1 导通，ωt_1 时刻触发 VT2，VT2 导通；

2）因 a、b 两相均有漏感，故 i_a、i_b 均不能突变，于是 VT1 和 VT2 同时导通，相当于将 a、b 两相短路，在两相组成的回路中产生环流 i_k，$i_k = i_b$ 是逐渐增大的，而 $i_a = I_d - i_k$ 是逐渐减小的。

3）当 i_k 增大到等于 I_d 时，$i_a = 0$，VT1 关断，换流过程结束。

1. 整流输出电压

在上述换相过程中，整流输出电压瞬时值为

$$u_d = u_a + L_B \frac{di_k}{dt} = u_b - L_B \frac{di_k}{dt} = \frac{u_a + u_b}{2} \tag{3-1}$$

由式（3-1）可知，在换相过程中，整流电压 u_d 为同时导通的两个晶闸管所对应的两个相电压的平均值。

2. 换相压降

与不考虑变压器漏感时相比，每次换相 u_d 波形均少了阴影标出的一块，导致 u_d 平均值降低，降低的多少用 ΔU_d 表示，称为换相压降。

$$\Delta U_d = \frac{1}{\frac{2\pi}{3}} \int_{\frac{5\pi}{6}+\alpha}^{\frac{5\pi}{6}+\alpha+\gamma} (u_b - u_d) d(\omega t) = \frac{3}{2\pi} \int_0^{I_d} \omega L_B di_k = \frac{3}{2\pi} X_B I_d$$

3. 换相重叠角

换相过程持续的时间，用电角度 γ 表示，称为换相重叠角。

$$\cos\alpha - \cos(\alpha + \gamma) = \frac{2X_B I_d}{\sqrt{6}U_2}$$

γ 随其他参数变化的规律：

（1）I_d 越大，γ 越大。

（2）X_B 越大，γ 越大。

（3）当 $\alpha \leqslant 90°$ 时，α 越小，γ 越大。

表 3-2 为各种整流电路换相压降和换相重叠角的计算。

表 3-2　　　　　　　各种整流电路换相压降和换相重叠角的计算

电路形式	单相全波	单相全控桥	三相半波	三相全控桥	m 脉波整流电路
ΔU_d	$\dfrac{X_B}{\pi}I_d$	$\dfrac{2X_B}{\pi}I_d$	$\dfrac{3X_B}{2\pi}I_d$	$\dfrac{3X_B}{\pi}I_d$	$\dfrac{mX_B}{2\pi}I_d$[①]
$\cos\alpha - \cos(\alpha + \gamma)$	$\dfrac{I_d X_B}{\sqrt{2}U_2}$	$\dfrac{2I_d X_B}{\sqrt{2}U_2}$	$\dfrac{2X_B I_d}{\sqrt{6}U_2}$	$\dfrac{2X_B I_d}{\sqrt{6}U_2}$	$\dfrac{I_d X_B}{\sqrt{2}U_2\sin\frac{\pi}{m}}$[②]

①单相全控桥电路中，环流 i_k 是从 $-I_d$ 变为 I_d。

②三相桥等效为相电压等于 $\sqrt{3}U_2$ 的 6 脉波整流电路，故其 $m=6$，相电压按 $\sqrt{3}U_2$ 代入。

4. 考虑变压器漏感对整流电路影响的一些结论

1）出现换相重叠角 γ，整流输出电压平均值 U_d 降低。

2）整流电路的工作状态增多。例如三相桥的工作状态由 6 种增加至 12 种：（VT1、VT2）→（VT1、VT2、VT3）→（VT2、VT3）→（VT2、VT3、VT4）→（VT3、VT4）→（VT3、VT4、VT5）→（VT4、VT5）→（VT4、VT5、VT6）→（VT5、VT6）→（VT5、VT6、VT1）→（VT6、VT1）→（VT6、VT1、VT2）→…

3）晶闸管的 $\mathrm{d}i/\mathrm{d}t$ 减小，有利于晶闸管的安全开通，有时人为串入进线电抗器以抑制晶闸管的 $\mathrm{d}i/\mathrm{d}t$。

4）换相时晶闸管电压出现缺口，产生正的 $\mathrm{d}u/\mathrm{d}t$，可能使晶闸管误导通，为此必须加吸收电路。

5）换相使电网电压出现缺口，成为干扰源。

3.4　整流电路的谐波和功率因数　B 类考点

3.4.1　非正弦电路的功率因数

[非正弦电路]

公用电网中，通常电压的波形畸变很小，而电流波形的畸变可能很大。因此，不考虑电压畸变，研究电压波形为正弦波、电流波形为非正弦波的情况有很大的实际意义。

设正弦波电压有效值为 U，畸变电流有效值为 I，基波电流有效值及与电压的相位差分别为 I_1 和 φ_1。这时有功功率为

$$P = UI_1\cos\varphi_1$$

功率因数为

$$\lambda = \frac{P}{S} = \frac{UI_1\cos\varphi_1}{UI} = \frac{I_1}{I}\cos\varphi_1 = \upsilon\cos\varphi_1$$

式中，ν 为基波电流有效值和总电流有效值之比，$n = I_1/I$，称为基波因数；$\cos\varphi_1$ 称为位移因数或基波功率因数。可见，功率因数由基波电流相移和电流波形畸变这两个因素共同决定。

3.4.2　带阻感负载时可控整流电路交流侧谐波和功率因数分析

（1）单相桥式全控整流电路

带阻感负载的单相桥式整流电路，直流电感 L 为足够大，忽略换相过程和电流脉动时，变压器二次电流波形近似为理想方波，如图 3 - 19 所示。

将变压器二次侧绕组电流波形分解为傅里叶级数，可得

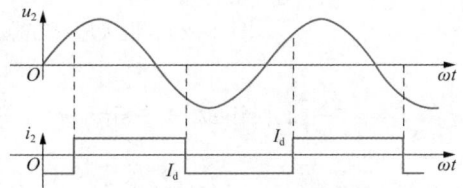

图 3 - 19　带大阻感负载单相桥式全控整流电路变压器二次电流波形

$$i_2 = \frac{4}{\pi}I_d\left[\sin\omega t + \frac{1}{3}\sin3\omega t + \frac{1}{5}\sin5\omega t + \frac{1}{7}\sin7\omega t + \cdots\right]$$

$$= \frac{4}{\pi}I_d\sum_{n=1,3,5,\cdots}\frac{1}{n}\sin n\omega t = \sum_{n=1,3,5,\cdots}\sqrt{2}I_n\sin n\omega t$$

其中，基波和各次谐波有效值为

$$I_n = \frac{2\sqrt{2}I_d}{n\pi},n = 1,3,5,\cdots$$

［结论］

除基波外，变压器二次侧绕组电流中仅含奇次谐波，各次谐波有效值与谐波次数成反比，且与基波有效值的比值为谐波次数的倒数。

基波电流有效值为

$$I_1 = \frac{2\sqrt{2}I_d}{\pi} = 0.9I_d$$

基波因数为

$$\nu = \frac{I_1}{I} = \frac{2\sqrt{2}}{\pi} \approx 0.9$$

基波电流与（基波）电压的相位差就等于控制角 α，故位移因数为

$$\lambda_1 = \cos\varphi_1 = \cos\alpha$$

因此，功率因数为

$$\lambda = \nu\lambda_1 \approx 0.9\cos\alpha$$

（2）三相桥式全控整流电路

阻感负载的三相桥式整流电路，交流侧电抗为零，直流电感 L 为足够大。以 $\alpha = 30°$ 为例，交流侧电压和电流波形如图 3 - 20 所示。忽略换相过程和电流脉动，电流为正负半周各 $120°$ 的方波，三相电流波形相同，且依次相差 $120°$。

将变压器二次侧绕组电流波形分解为傅里叶级数，以 a 相电流为例，将电流负、正两半波的中点作为时间零点，则有

電力电子技术

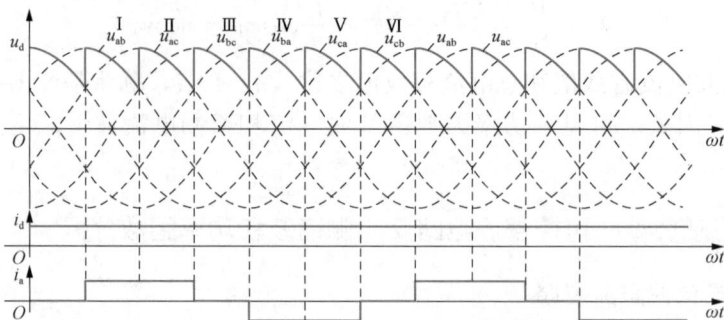

图 3-20　带大阻感负载三相桥式全控整流电路变压器二次电流波形

$$i_{\mathrm{a}} = \frac{2\sqrt{3}}{\pi}I_{\mathrm{d}}\Big[\sin\omega t - \frac{1}{5}\sin5\omega t - \frac{1}{7}\sin7\omega t + \frac{1}{11}\sin11\omega t + \frac{1}{13}\sin13\omega t - \cdots\Big]$$

$$= \frac{2\sqrt{3}}{\pi}I_{\mathrm{d}}\sin\omega t + \frac{2\sqrt{3}}{\pi}I_{\mathrm{d}}\sum_{n=6k\pm1}(-1)^{k}\frac{1}{n}\sin n\omega t = \sqrt{2}I_{1}\sin\omega t + \sum_{n=6k\pm1}(-1)^{k}\sqrt{2}I_{n}\sin n\omega t$$

其中，基波和各次谐波有效值为

$$\begin{cases} I_1 = \dfrac{\sqrt{6}}{\pi}I_{\mathrm{d}} \\ I_n = \dfrac{\sqrt{6}}{n\pi}I_{\mathrm{d}} \end{cases} \quad n = 6k\pm1,\ k=1,2,3,\cdots$$

［结论］

除基波外，变压器二次侧绕组电流中仅含 $6k\pm1$（k 为正整数）次谐波，各次谐波有效值与谐波次数成反比，且与基波有效值的比值为谐波次数的倒数。

基波因数为

$$\nu = \frac{I_1}{I} = \frac{3}{\pi} \approx 0.955$$

基波电流与（基波）电压的相位差就等于触发角 α，故位移因数为

$$\lambda_1 = \cos\varphi_1 = \cos\alpha$$

因此，功率因数为

$$\lambda = \nu\lambda_1 \approx 0.955\cos\alpha$$

3.4.3　整流输出电压和电流的谐波分析

整流电路的输出电压是周期性的非正弦波形，其中主要成分是直流，同时包含各种频率的谐波。这些谐波对于负载的工作是不利的。

1. $\alpha=0°$ 时整流输出电压和电流的谐波分析

$\alpha=0°$ 时整流电压、电流中的谐波有如下规律：

1) m 脉波整流电压 u_{d0} 的谐波次数为 mk（$k=1,2,3,\cdots$）次，即 m 的倍数次；整流电流的谐波由整流电压的谐波决定，也为 mk 次。

2) 当 m 一定时，随谐波次数增大，谐波幅值迅速减小，表明最低次（m 次）谐波是最主要的，其他次数的谐波相对较少；当负载中有电感时，负载电流谐波幅值 d_{n} 的减小更为迅速。

66

3）m 增加时，最低次谐波次数增大，且幅值迅速减小；电压纹波因数迅速下降。

2. α 不为 $0°$ 时的情况

以三相全桥整流电路为例，n 次谐波幅值（取标幺值）对 α 的关系如图 3-21 所示。

［结论］

1）当 α 从 $0°\sim 90°$ 变化时，电路工作于整流状态，u_d 的谐波幅值随 α 增大而增大，$\alpha=90°$ 时谐波幅值最大。

2）α 从 $90°\sim 180°$ 变化时，电路工作于有源逆变状态，u_d 的谐波幅值随 α 增大而减小。

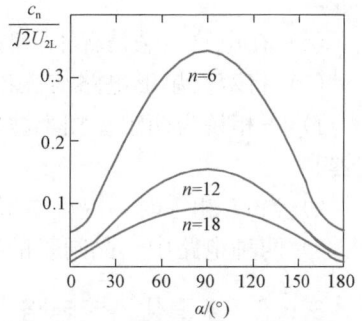

图 3-21　三相桥式全控整流电路

3.5　大功率可控整流电路　C 类考点

3.5.1　带平衡电抗器的双反星形可控整流电路

在电解电镀等工业应用中，经常需要低电压大电流（例如几十伏，几千至几万安）的可调直流电源。如果采用三相桥式电路，整流器件的数量很多，还有两个管压降损耗，降低了效率。在这种情况下，可采用带平衡电抗器的双反星形可控整流电路，该电路可简称为双反星形电路，如图 3-22 所示，其结构特点为：

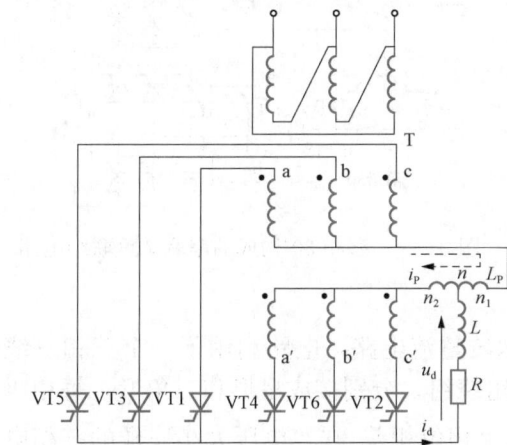

图 3-22　带平衡电抗器的双反星形可控整流电路原理图

1）整流变压器的二次侧每相有两个匝数相同、极性相反的绕组，分别接成两组三相半波电路。

2）a 与 a′绕在同一相铁芯上，图 3-23 中"•"表示同名端。同样 b 与 b′，c 与 c′都绕在同一相铁芯上，故得名双反星形电路。

［结论 1］

（1）变压器二次侧两绕组的极性相反可消除铁心的直流磁化。

（2）设置电感量为 L_P 的平衡电抗器是为保证两组三相半波整流电路能同时导电，每组承担一半负载。

（3）与三相桥式电路相比，在采用相同晶闸管的条件下，双反星形电路的输出电流可大一倍。

［结论 2］

（1）适用于：低电压、大电流的场合，如电解电镀等工业应用。

（2）双反星形电路是两组三相半波电路的并联，因此整流电压平均值为 $U_d=1.17U_2\cos\alpha$。

（3）输出电压 u_d 波形脉动次数为 6 次，与三相半波电路比较，脉动程度减小了，脉动频率加大 1 倍，$f=300\text{Hz}$；u_d 中的谐波分量比直流分量要小得多，而且最低次谐波为 6 次谐波。

(4) 在电感负载情况下，移相范围是 $90°$ ；在电阻负载情况下，移相范围为 $120°$ 。

(5) 将双反星形电路与三相桥式电路进行比较可得出以下结论：

1) 三相桥为两组三相半波串联，而双反星形为两组三相半波并联，且后者需用平衡电抗器。

2) 当 U_2 相等时，双反星形的 U_d 是三相桥的 $1/2$ 。

3) 两种电路中，晶闸管的导通及触发脉冲的分配关系一样， u_d 和 i_d 的波形形状一样。

3.5.2 多重化整流电路

随着整流装置功率的进一步加大，它所产生的谐波、无功功率等对电网的干扰也随之加大，为减轻干扰，可采用多重化整流电路：

1) 将几个整流电路多重联结可以减少交流侧输入电流谐波。

2) 对晶闸管多重整流电路采用顺序控制的方法可提高功率因数。

1. 移相多重联结

整流电路的多重联结有并联多重联结和串联多重联结，如图 3 - 23 和图 3 - 24 所示。

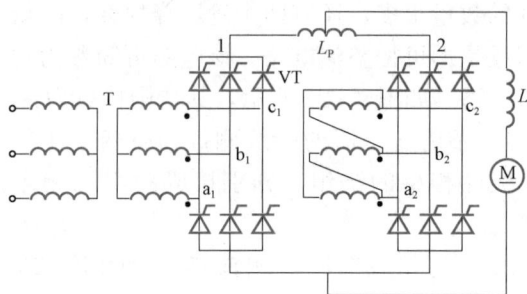

图 3 - 23　并联多重联结的 12 脉波整流电路　　　　图 3 - 24　移相 $30°$ 构成的串联 2 重联结电路

(1) 并联移相多重联结

图 3 - 24 的电路是 2 个三相桥并联而成的 12 脉波整流电路，电路利用了一个三相三绕组变压器，变压器一次侧绕组接成星形，二次侧两组绕组，分别接成星形和三角形，每相匝数分别为 N_2 和 $\sqrt{3}N_2$ ，因此 1、2 两组桥所接的是两个相位相差 $30°$ 、电压大小一样的三相电压，使用了平衡电抗器 L_P 来平衡 2 组整流器的电流。

(2) 串联移相多重联结

1) 移相 $30°$ 。

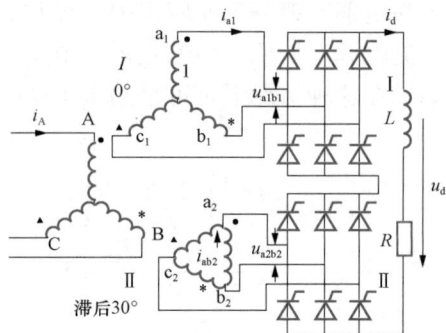

图 3 - 24 是移相 $30°$ 构成的串联 2 重联结电路的原理图。

[结论]

① 利用变压器二次绕组接法的不同使两组三相交流电源间相位错开 $30°$ ，从而使输出整流电压 u_d 在每个交流电源周期中脉动 12 次，故该电路为 12 脉波整流电路。

② 整流变压器二次绕组分别采用星形和三角形接法构成相位相差 $30°$ 、大小相等的两组电压，接至相互串联的两组整流桥。

输入电流 i_A 波形的谐波次数为 $12k\pm1$ ，其幅值与次数成反比而降低。

直流输出电压：

$$U_d = \frac{6\sqrt{6}U_2}{\pi}\cos\alpha = 4.68U_2\cos\alpha$$

交流侧输入的位移因数：$\cos\varphi_1 = \cos\alpha$

交流侧输入的功率因数：$\lambda = \nu\cos\varphi_1 = 0.9886\cos\alpha$

2) 移相 20°。

利用变压器二次绕阻接法的不同，互相错开 20°，可将三组桥构成串联 3 重联结。此时，对于整流变压器来说，采用星形、三角形组合无法移相 20°，需采用曲折接法。串联 3 重联结电路的整流电压 u_d 在每个电源周期内脉动 18 次，故此电路为 18 脉波整流电路。整流电压 u_d 的脉动也更小。

交流侧输入电流谐波次数：$18k\pm1$

输入位移因数：$\cos\varphi_1 = \cos\alpha$

输入功率因数：$\lambda = \nu\cos\varphi_1 = 0.9949\cos\alpha$

3) 移相 15°。

将变压器二次绕组移相 15°，可将构成串联四重联结电路。整流电压 u_d 在每个电源周期内脉动 24 次，故此电路为 24 脉波整流电路。

输入电流谐波次数：$24k\pm1$

输入位移因数：$\cos\varphi_1 = \cos\alpha$

输入功率因数：$\lambda = \nu\cos\varphi_1 = 0.9971\cos\alpha$

[结论]

采用移相多重联结的方法并不能提高位移因数，但可以使交流侧输入电流谐波大幅减小，从而也可以在一定程度上提高功率因数。

2. 多重联结电路的顺序控制

[控制特点]

以用于电气机车的 3 重晶闸管整流桥顺序控制为例，如图 3-25 所示。

1) 只对一个桥的 α 角进行控制，其余各桥的工作状态则根据需要输出的整流电压而定，或者不工作而使该桥输出直流电压为零，或者 $\alpha=0°$ 而使该桥输出电压最大。

图 3-25　单相串联 3 重联结电路图

2) 根据所需总直流输出电压从低到高的变化，按顺序依次对各桥进行控制，因而被称为顺序控制。

[结论]

1) 采用这种方法虽然不能降低输入电流谐波，但是总功率因数可以提高。

2) 我国电气机车的整流器大多为这种方式。

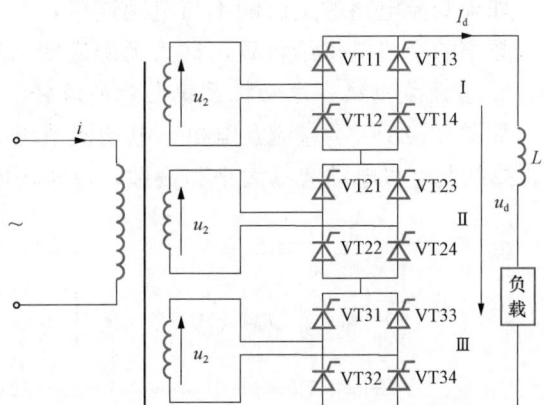

3.6　整流电路的有源逆变工作状态　A 类考点

3.6.1　逆变的概念

1. 什么是逆变？为什么要逆变

（1）逆变：与整流过程相反，是把直流电转变成交流电，这种对应于整流的逆向过程，定义为逆变。

（2）有源逆变和无源逆变。

1）有源逆变：

①当交流侧和电网连接时，这种逆变电路称为有源逆变电路。

②有源逆变电路常用于直流可逆调速系统、交流绕线转子异步电动机串级调速以及高压直流输电等方面。

③对于可控整流电路而言，只要满足一定的条件，就可以工作于有源逆变状态。此时，电路形式并未发生变化，只是电路工作条件转变，因此将有源逆变作为整流电路的一种工作状态进行分析。

④既工作在整流状态又工作在逆变状态的整流电路称为变流电路。

2）无源逆变

如果变流电路的交流侧不与电网连接，而直接接到负载，即把直流电逆变为某一频率或可调频率的交流电供给负载，称为无源逆变。

2. 直流发电机—电动机系统电能的流转

如图 3-26 所示直流发电机—电动机系统中，M 为电动机，G 为发电机，励磁回路未画出。控制发电机电动势的大小和极性，可实现电动机四象限的运转状态。

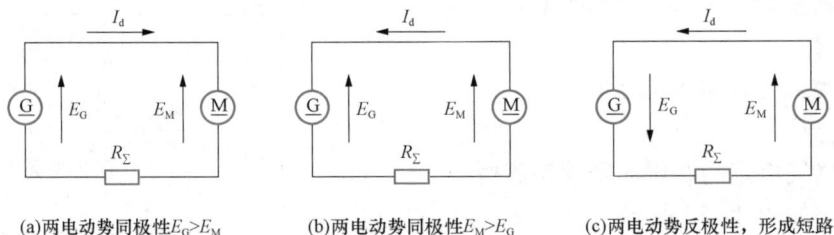

(a)两电动势同极性 $E_G > E_M$　　(b)两电动势同极性 $E_M > E_G$　　(c)两电动势反极性，形成短路

图 3-26　直流发电机—电动机之间电能的流转

［结论］

1）两个电动势同极性相接时，电流总是从电动势高的流向低的，回路电阻小，可在两个电动势间交换很大的功率。

2）两电动势顺向串联，向电阻 R_Σ 供电，G 和 M 均输出功率，由于 R_Σ 一般都很小，实际上形成短路，在工作中必须严防这类事故发生。

3. 逆变产生的条件

［工作原理］

以单相全波电路代替上述发电机来，给电动机供电，如图 3-27 所示。

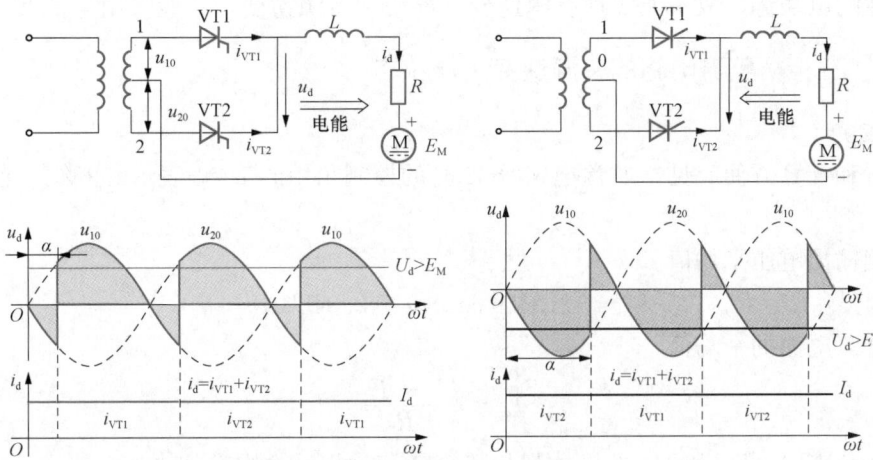

图 3-27　单相全波电路的整流和逆变

（1）电动机 M 作电动机运行

1）全波电路应工作在整流状态，α 的移相范围在 $0\sim\pi/2$ 间，直流侧输出 U_d 为正值，并且 $U_d>E_M$。

2）直流侧电流平均值

$$I_d = \frac{U_d - E_M}{R}$$

3）一般情况下 R_Σ 值很小，因此电路经常工作在 $U_d\approx E_M$ 的条件下，交流电网输出电功率，电动机则输入电功率。

（2）电动机 M 作发电回馈制动运行

1）由于晶闸管器件的单向导电性，电路内 I_d 的方向依然不变，欲改变电能的输送方向，只能改变 E_M 的极性。

2）为了防止两电动势顺向串联，U_d 的极性也必须反过来，即 U_d 为负值，且 $|E_M|>|U_d|$，才能把电能从直流侧送到交流侧，实现逆变，此时

$$I_d = \frac{|E_M| - |U_d|}{R}$$

电路内电能的流向与整流时相反，电动机输出电功率，电网吸收电功率。电动机轴上输入的机械功率越大，则逆变的功率也愈大。为了防止过电流，同样应满足 $E_M\approx U_d$ 的条件，E_M 的大小取决于电动机转速的高低，而 U_d 可通过改变 α 来进行调节，由于逆变状态时 U_d 为负值，故 α 在逆变时的范围应在 $\pi/2\sim\pi$ 之间。

［结论］

1）从上述分析中，可以归纳出产生逆变的条件有两个：

①要有直流电动势，其极性须和晶闸管的导通方向一致，其值应大于变流器直流侧的平均电压。

②要求晶闸管的控制角 $\alpha>\pi/2$，使 U_d 为负值。

两者必须同时具备才能实现有源逆变。

2）半控桥或有续流二极管的电路，因其整流电压 U_d 不能出现负值，也不允许直流侧

出现负极性的电动势，故不能实现有源逆变。欲实现有源逆变，只能采用全控型整流电路。

3.6.2　三相桥整流电路的有源逆变工作状态

1. 逆变角

为分析和计算方便起见，通常把 $\alpha > \pi/2$ 时的控制角用 $\pi - \alpha = \beta$ 表示，β 称为逆变角。

2. 基本数量关系

直流侧输出电压平均值

$$U_d = 2.34U_2\cos\alpha = -2.34U_2\cos\beta$$

输出直流电流的平均值

$$I_d = \frac{U_d - E_M}{R}$$

在逆变状态时，U_d 和 E_M 的极性都与整流状态时相反，均为负值。

每个晶闸管导通 $2\pi/3$，故流过晶闸管的电流有效值为

$$I_{VT} = \frac{1}{\sqrt{3}}I_d$$

在三相桥式电路中，每个周期内流经电源的线电流的导通角为 $4\pi/3$，是每个晶闸管导通角 $2\pi/3$ 的 2 倍，因此变压器二次线电流的有效值为

$$I_2 = \sqrt{2}I_{VT} = \sqrt{\frac{2}{3}}I_d$$

从交流电源送到直流侧负载的有功功率为

$$P_d = R_\Sigma I_d^2 + E_M I_d$$

当逆变工作时，由于 E_M 为负值，故 P_d 一般为负值，表示功率由直流电源输送到交流电源。

3.6.3　逆变失败与最小逆变角的限制

1. 逆变失败的定义

逆变运行时，一旦发生换相失败，外接的直流电源就会通过晶闸管电路形成短路，或者使变流器的输出平均电压和直流电动势变成顺向串联。由于逆变电路的内阻很小，就会形成很大的短路电流，这种情况称为逆变失败，或称为逆变颠覆。

2. 逆变失败的原因

造成逆变失败的原因很多，主要有下列几种情况：

1）触发电路工作不可靠，不能适时、准确地给各晶闸管分配脉冲，如脉冲丢失、脉冲延时等，致使晶闸管不能正常换相，使交流电源电压和直流电动势顺向串联，形成短路。

2）晶闸管发生故障，在应该阻断期间，器件失去阻断能力，或在应该导通时，器件不能导通，造成逆变失败。

3）在逆变工作时，交流电源发生缺相或突然消失，由于直流电动势 E_M 的存在，晶闸管仍可导通，此时变流器的交流侧由于失去了同直流电动势极性相反的交流电压，因此直流电动势将通过晶闸管使电路短路。

4）换相的裕量角不足，引起换相失败，应考虑变压器漏抗引起重叠角对逆变电路换相的影响。

3. 逆变角与换相重叠角之间的关系对有源逆变的影响

由于换相有一过程，且换相期间的输出电压是相邻两电压的平均值，故逆变电压 U_d 要比不考虑漏抗时的更低（负的幅值更大）。存在重叠角会给逆变工作带来不利的后果。以 VT2 和 VT3 的换相过程来分析，如图 3-28 所示。

1）当逆变电路工作在 $\beta > \gamma$ 时，经过换相过程后，能使 VT3 承受反压而关断。

2）如果换相的裕量角不足，即当 $\beta < \gamma$ 时，电动势顺向串联导致逆变失败。

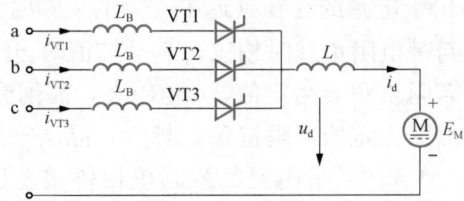

［结论］

为了防止逆变失败，不仅逆变角 β 不能等于零，而且不能太小，必须限制在某一允许的最小角度内。

4. 确定最小逆变角的依据

逆变时允许采用的最小逆变角应为

$$\beta_{\min} = \delta + \gamma + \theta'$$

式中，δ 为晶闸管的关断时间 t_q 折合的电角度，约为 $4° \sim 5°$；γ 为换相重叠角，与 I_d 及 X_B 等参数有关；θ' 为安全裕量角，约取为 $10°$。这样最小 β 一般取 $30° \sim 35°$。设计逆变电路时，必须保证 $\beta \geqslant \beta_{\min}$。

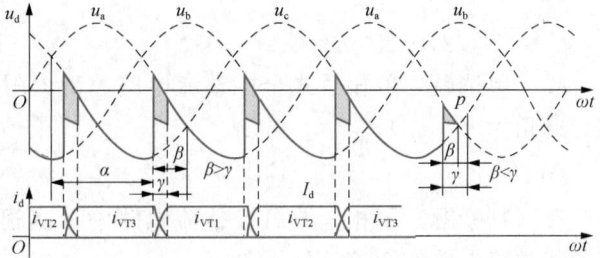

图 3-28　交流侧电抗对逆变换相过程的影响

笔记

习题

1. （单选题）单相半波可控整流电路，当 $\alpha = 0°$ 时，直流侧输出电压平均值为（　　）。

A. $0.45U_2$
B. $0.675U_2$

C. $0.9U_2$
D. $1.17U_2$

2. （多选题）关于带阻感负载的单相半波可控整流电路，叙述错误的是（　　）。

A. 由于电感的存在延迟了 VT 的关断时刻，使 u_d 波形出现负的部分

B. 与带电阻负载时相比，其平均值 U_d 升高

C. 若阻抗角 φ 为定值，α 角越大，晶闸管的导通角 θ 越大

D. 若 α 为定值，阻抗角 φ 越大，晶闸管的导通角 θ 越小

3. （单选题）带电阻负载的单相桥式全控整流电路，晶闸管的最大正反向电压分别为（　　）。

A. $\sqrt{2}U_2$，$\sqrt{2}U_2$
B. $\sqrt{2}U_2/2$，$\sqrt{2}U_2$

C. $\sqrt{2}U_2/2$，$\sqrt{2}U_2/2$
D. $\sqrt{2}U_2$，$2\sqrt{2}U_2$

4. （单选题）单相桥式全控整流电路，带大阻感负载时，若触发角 $\alpha = 60°$，则晶闸管的导通角为（　　）。

A. $90°$
B. $120°$
C. $150°$
D. $180°$

5. （判断题）单相全波可控整流电路中，晶闸管承受的最大电压为 $2\sqrt{2}U_2$，是单相全控桥式整流电路的两倍。（　　）

A. 正确
B. 错误

6. （多选题）带大阻感负载的单相桥式半控整流电路，不带续流二极管时，叙述错误的是（　　）。

A. 每个导电回路由 1 个晶闸管和 1 个二极管构成

B. 会出现失控现象

C. u_d 波形中会出现负的部分

D. 存在直流磁化问题

7. （单选题）三相半波可控整流电路的三个晶闸管采用（　　）接法，这种接法触发电路有公共端，连线方便。

A. 三角形
B. 星形
C. 共阴极
D. 共阳极

8. （单选题）三相半波可控整流电路，带电阻负载，当（　　）时，负载电流处于连续和断续的临界状态。

A. $\alpha = 30°$
B. $\alpha = 60°$
C. $\alpha = 90°$
D. $\alpha = 120°$

9. （单选题）三相桥式全控整流电路，变压器二次侧相电压有效值 $U_2 = 200V$，$R = 10\Omega$，L 值极大，触发角 $= 60°$，反电动势 $E_M = 100V$，考虑 2 倍安全裕量，选择晶闸管的额定电流为（　　）。

A. 5A
B. 6A
C. 10A
D. 20A

10. （单选题）三相桥式全控整流电路，带大阻感负载，变压器二次侧相电压有效值 $U_2 = 200V$，考虑 2 倍安全裕量，选择晶闸管的额定电压为（　　）。

A. 400V　　　　　　　B. 500V　　　　　　　C. 800V　　　　　　　D. 1000V

11.（判断题）三相桥式全控整流电路，带大阻感负载，触发角的移相范围为 0°～120°。
（　　）

A. 正确　　　　　　　B. 错误

12.（判断题）考虑变压器漏感时，晶闸管的 di/dt 减小，有利于晶闸管的安全开通。
（　　）

A. 正确　　　　　　　B. 错误

13.（多选题）三相桥式全控整流电路带大阻感负载，其变压器二次侧绕组电流中包含有下列（　　）次谐波。

A. 13　　　　　　　　B. 7　　　　　　　　C. 5　　　　　　　　D. 3

14.（多选题）下列可控整流电路，直流侧输出电压 u_d 波形中所含谐波次数相同的是（　　）。

A. 三相半波和三相全控桥　　　　　　　B. 三相全控桥和双反星形

C. 单相全波和单相全控桥　　　　　　　D. 三相半波和双反星形

15.（判断题）只有全控型器件组成的整流电路，才能实现有源逆变。（　　）

A. 正确　　　　　　　B. 错误

16.（多选题）下列可控整流电路，能实现有源逆变的是（　　）。

A. 单相全波　　　　　　　　　　　　　B. 三相半波

C. 单相半控桥　　　　　　　　　　　　D. 带续流二极管的三相全控桥

第4章

逆 变 电 路

4.1 概述 A 类考点

1. 基本概念

(1) 逆变——与整流相对应,把直流电变成交流电。

(2) 有源逆变——把直流电变成交流电,交流侧接电网,即交流侧接有电源。

(3) 无源逆变——把直流电变成交流电,交流侧接负载。

2. 逆变与变频

变频电路:分为交交变频和交直交变频两种。

交—直—交变频由交直变换(整流)和直交变换(逆变)两部分组成,后一部分就是逆变。

3. 主要应用

(1) 各种直流电源,如蓄电池、干电池、太阳能电池等。当需要这些直流电源向交流负载供电时,就需要逆变电路。

(2) 交流电动机调速用变频器、不间断电源、感应加热电源等电力电子装置的核心部分都是逆变电路。

4. 逆变电路的分类

(1) 按输入直流电源的性质分类

电压型逆变电路:直流侧是电压源的称为电压型逆变电路,如图4-1(a)所示。

电流型逆变电路:直流侧是电流源的称为电流型逆变电路,如图4-1(b)所示。

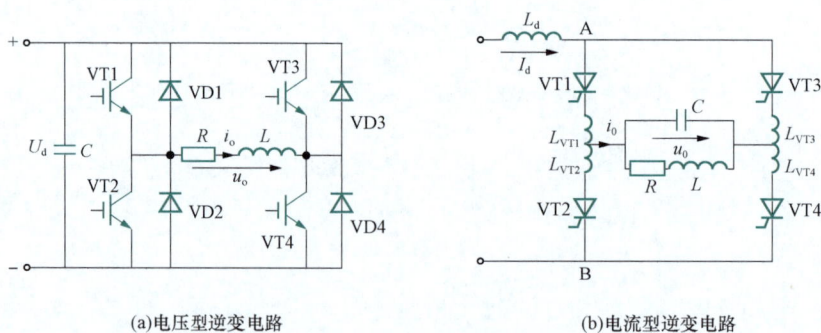

(a)电压型逆变电路　　　　　　(b)电流型逆变电路

图 4-1　电压型、电流型逆变电路

(2) 按交流输出相数分类

单相逆变电路和三相逆变电路,如图4-2所示。

(3) 按逆变电路结构分类

半桥逆变电路、全桥逆变电路、推挽逆变电路等,如图4-3所示。

(a)单相逆变电路　　　　　　　　　　　　(b)三相逆变电路

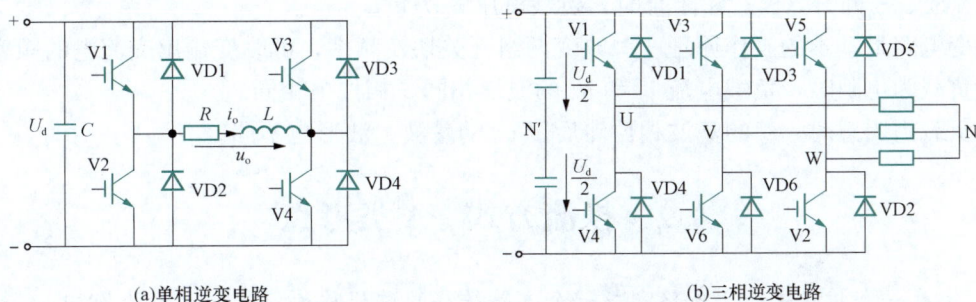

图 4-2　单相逆变电路、三相逆变电路

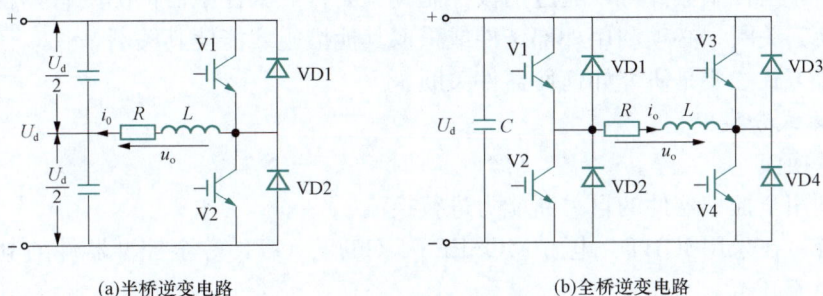

(a)半桥逆变电路　　　　　　　　　　　　(b)全桥逆变电路

(c)推挽逆变电路

图 4-3　逆变电路结构举例

5. 逆变电路基本工作原理

以单相桥式逆变电路为例（见图 4-4）说明其基本的工作原理，图 4-4 中 $S_1 \sim S_4$ 是桥式电路的 4 个桥臂，由电力电子器件及辅助电路组成。

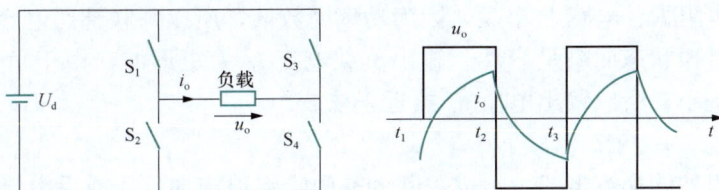

图 4-4　逆变电路及输出波形举例

工作过程分析如下：

（1）S_1、S_4 闭合，S_2、S_3 断开时，负载电压 u_o 为正。

（2）S_1、S_4断开，S_2、S_3闭合时，负载电压u_o为负。

逆变电路最基本的工作原理——改变两组开关切换频率，可改变输出交流电的频率。

当负载为电阻时，负载电流i_o和u_o的波形相同，相位也相同。

当负载为阻感时，i_o的基波相位滞后于u_o的基波，波形也不同。

4.2　换流方式　A 类考点

1. 换流——电流从一个支路向另一个支路转移的过程称为换流，也称为换相。

（1）开通：给门极加适当的驱动信号，就可以使器件开通。

（2）关断：全控型器件可以通过门极控制其关断；而半控型器件晶闸管，就不能通过对门极的控制使其关断，必须利用外部条件或采取其他措施才能使其关断。

研究换流方式主要是研究如何使器件关断。

2. 换流方式分类

（1）器件换流

概念：利用全控型器件的自关断能力进行换流。

适用场合：在采用 IGBT、电力 MOSFET、GTO、GTR 等全控型器件的电路中的换流方式是器件换流。

（2）电网换流

概念：由电网提供换流电压的换流方式称为电网换流。

条件：在换流时，只要把负的电网电压施加在欲关断的晶闸管上即可使其关断。电网换流不需要器件具有门极可关断能力，也不需要为换流附加任何元件，但不适用于没有交流电网的无源逆变电路。

适用场合：相控整流电路的整流状态及其有源逆变状态、采用相控方式的交流调压电路、采用相控方式的交—交变频电路等。

（3）负载换流

概念：由负载提供换流电压的换流方式称为负载换流。

条件：凡是负载电流的相位超前于负载电压的场合，都可实现负载换流。

适用场合：当负载为电容性负载时，就可实现负载换流。当负载为同步电动机时，可以控制励磁电流使负载呈现为容性，也可以实现负载换流。

图 4-5 是单相桥式电流型逆变电路，换流方式为负载换流。电路中 4 个桥臂由晶闸管组成，其负载是电阻 R、电感 L 串联，因为功率因数低，所以并联补偿电容器 C。整个负载工作在接近并联谐振状态而略呈容性。输出负载电流 i_o 为矩形波，由于负载对基波的阻抗大而对谐波的阻抗小，所以输出电压 u_o 接近正弦波。

（4）强迫换流

概念：设置附加的换流电路，给欲关断的晶闸管强迫施加反压或反电流的换流方式称为强迫换流。

条件：通常利用附加电容上所储存的能量来实现，因此也称为电容换流。

分类：

1）直接耦合式强迫换流：由换流电路内电容直接提供换流电压的方式，也叫电压换流。

(a)电路　　　　　　　　(b)工作波形

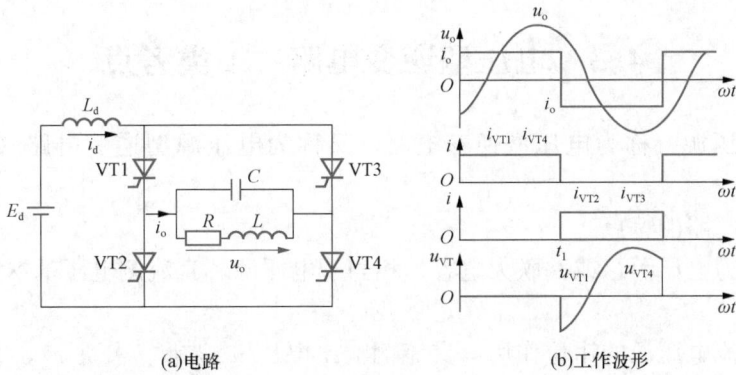

图 4-5　负载换流电路及其工作波形

图 4-6 中，在晶闸管 VT 处于通态时，预先给电容 C 按图中所示极性充电。合上开关 S，就可以使晶闸管被施加反向电压而关断。

2）电感耦合式强迫换流：通过换流电路内的电容和电感的耦合来提供换流电压或换流电流的方式，也叫电流换流。

图 4-7 中，晶闸管 VT 在正向电流减至零且二极管开始流过电流时关断，二极管上的管压降就是加在晶闸管上的反向电压。

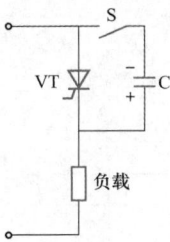

图 4-6　直接耦合式强迫换流原理图　　　　图 4-7　电感耦合式强迫换流原理图

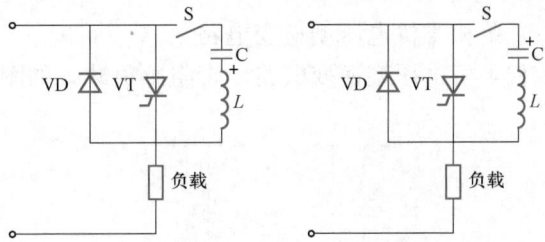

3. 换流方式总结

上述 4 种换流方式中，器件换流只适用于全控型器件，其余 3 种方式主要是指晶闸管。

（1）器件换流和强迫换流——属于自换流。采用自换流方式的逆变电路称为自换流逆变电路。

（2）电网换流和负载换流——属于外部换流。采用外部换流方式的逆变电路称为外部换流逆变电路。

当电流不是从一个支路向另一个支路转移，而是在支路内部终止流通而变为零，则称为熄灭。

笔记

4.3　电压型逆变电路　A 类考点

直流侧是电压源，称为电压型逆变电路，又称为电压源型逆变电路（Voltage Source Inverter，VSI）。

电压型逆变电路的特点：

（1）直流侧为电压源，或并联大电容，相当于电压源。直流侧电压基本无脉动，直流回路呈现低阻抗。

（2）由于直流电压源的钳位作用，交流侧输出电压 u_o 波形为矩形波，并且与负载阻抗角无关。而交流侧输出电流 i_o 波形和相位因负载阻抗情况的不同而不同。

（3）当交流侧为阻感负载时需提供无功功率，直流侧电容起缓冲无功能量的作用。为了给交流侧向直流侧反馈的无功能量提供通道，逆变桥各臂都反并联二极管。

电压型全桥逆变电路如图 4-8 所示。

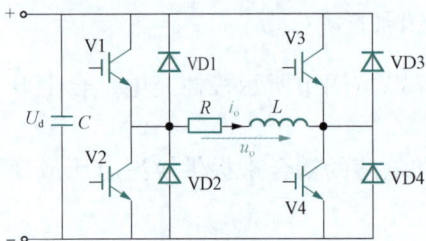

图 4-8　电压型全桥逆变电路

1. 单相电压型逆变电路

（1）单相半桥电压型逆变电路

单相半桥电压型逆变电路，带阻感负载，如图 4-9 所示。

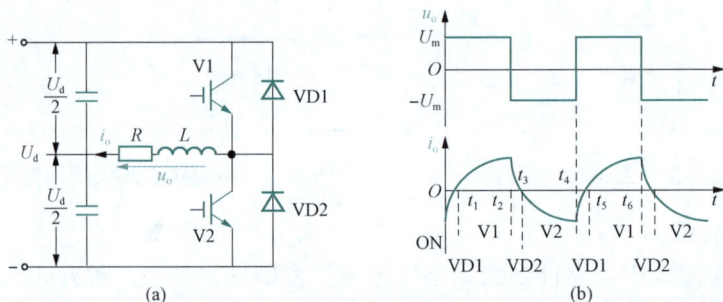

图 4-9　单相半桥电压型逆变电路及其工作波形

1）电路结构

① 有一个半桥，即上下两个桥臂，每个桥臂由一个可控器件和一个反并联二极管组成。

② 直流侧接有两个相互串联的足够大的电容（$C_1=C_2$），两电容的连接点为直流电源中点。

③ 负载联接在直流电源中点和两个桥臂连接点之间。

2）工作原理

①控制信号：开关器件 V1 和 V2 的栅极信号在一个周期内各有半周正偏，半周反偏，且二者互补。

② 工作过程。

$t_1 \sim t_2$ 阶段：开关 V1 为通态，V2 为断态，负载电压 $u_0 = \dfrac{U_d}{2}$，负载电流 i_o 为正。负载电流、电压同方向，直流侧向负载提供能量。

80

$t_2 \sim t_3$ 阶段：t_2 时刻给 V1 关断信号，给 V2 开通信号，则 V1 关断，但感性负载中的电流 i_o 不能立即改变方向，VD2 导通续流，此阶段负载电压 $u_0 = -\dfrac{U_d}{2}$，负载电流 i_o 为正。负载电流和电压反向，负载电感中储存的能量向直流侧反馈，即负载电感将其吸收的无功能量反馈回直流侧。

$t_3 \sim t_4$ 阶段：当 t_3 时刻 i_o 降零时，VD2 截止，V2 导通，i_o 开始反向。此阶段负载电压 $u_0 = -\dfrac{U_d}{2}$，负载电流 i_o 为负。负载电流和电压同方向，直流侧再次向负载提供能量。

$t_4 \sim t_5$ 阶段：t_4 时刻给 V2 关断信号，给 V1 开通信号，V2 关断，VD1 导通续流。此阶段负载电压 $u_0 = \dfrac{U_d}{2}$，负载电流 i_o 为负。负载电流和电压反向，负载电感中储存的能量通过续流二极管 VD1 向直流侧反馈。当 t_5 时刻 i_o 降零时，VD1 截止，V1 导通。

③结论。

V1 或 V2 导通时，i_o 和 u_o 同方向，直流侧向负载提供能量。

VD1 或 VD2 导通时，i_o 和 u_o 反向，电感中储存的能量向直流侧反馈，反馈回的能量暂时储存在直流侧电容器中，直流侧电容器起着缓冲这种无功能量的作用。

二极管 VD1、VD2 是负载向直流侧反馈能量的通道，故称为反馈二极管；因为二极管 VD1、VD2 起着使负载电流连续的作用，因此又称为续流二极管。

输出电压 u_o 波形为矩形波，幅值为 $U_m = \dfrac{U_d}{2}$。

3）单相半桥电压型逆变电路特点

①优点：简单，使用器件少。

②缺点：输出交流电压的幅值 $U_m = \dfrac{U_d}{2}$；直流侧需要两个电容器串联，工作时还要控制两个电容器电压的均衡。

③适用场合：半桥电路常用于几千瓦以下的小功率逆变电路。

当可控器件是半控型器件晶闸管时，须附加强迫换流电路才能正常工作。

4）基本数量关系

将单相半桥电压型逆变电路交流侧输出电压 u_o 展开成傅里叶级数，得

$$u_o = \frac{2U_d}{\pi}\left(\sin\omega t + \frac{1}{3}\sin 3\omega t + \frac{1}{5}\sin 5\omega t + \cdots\right)$$

式中，基波的幅值和基波有效值分别为

$$U_{o1m} = \frac{2U_d}{\pi}$$

$$U_{o1} = \frac{\sqrt{2}U_d}{\pi} = 0.45U_d$$

笔记

（2）单相全桥电压型逆变电路

单相全桥逆变电路是单相逆变电路中应用最广泛的。

1）电路结构

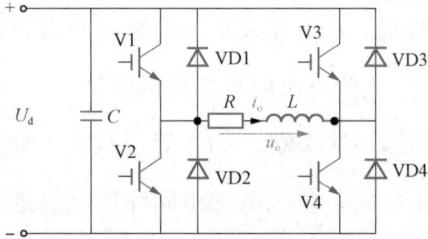

图 4-10 单相全桥电压型逆变电路

单相全桥电压型逆变电路如图 4-10 所示。

①可看成两个半桥电路组合而成，共四个桥臂，每个桥臂由一个可控器件和一个反并联二极管组成。

②直流侧并联一个大的电容。

③负载的两端分别接在两个半桥上下桥臂的连接点之间。

2）工作原理

单相全桥电压型逆变电路带阻感负载时，各器件的通断情况如图 4-11 所示。

①控制规律：把桥臂 1 和 4 作为一对，桥臂 2 和 3 作为一对，成对的两个桥臂同时导通，两对交替各导通 180°。

②工作过程

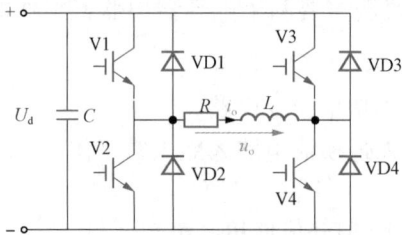

(a)电路

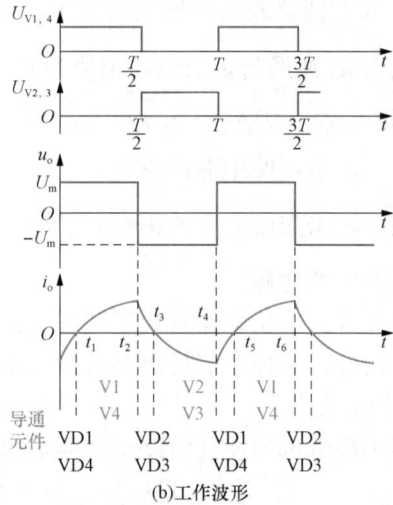

(b)工作波形

图 4-11 单相全桥电压型逆变电路及其工作波形

$t_1 \sim t_2$ 阶段：开关 V1、V4 为通态，V2、V3 为断态，负载电压 $u_o = U_d$，负载电流 i_o 为正。负载电流、电压同方向，直流侧向负载提供能量。

$t_2 \sim t_3$ 阶段：t_2 时刻给 V1、V4 关断信号，给 V2、V3 开通信号，但感性负载中的电流 i_o 不能立即改变方向，二极管 VD2、VD3 导通续流，此阶段负载电压 $u_o = -U_d$，负载电流 i_o 为正。负载电流和电压反向，负载电感中储存的能量向直流侧反馈。

$t_3 \sim t_4$ 阶段：当 t_3 时刻 i_o 降为零时，VD2、VD3 截止，V2、V3 开通，i_o 开始反向，此阶段负载电压 $u_o = -U_d$，负载电流 i_o 为负。负载电流和电压同向，直流侧再次为阻感负载提供能量。

$t_4 \sim t_5$ 阶段：在 t_4 时刻给 V2、V3 关断信号，给 V1、V4 开通信号后，V2、V3 关断。因感性负载中的电流 i_o 不能立即改变方向，VD1、VD4 导通续流，此阶段负载电压 $u_o =$

U_d，负载电流 i_o 为负。负载电流和电压反向，负载电感中储存的能量通过续流二极管向直流侧反馈。

两组全控型器件（V1 和 V4，或 V2 和 V3）同时导通时，i_o 和 u_o 同方向，直流侧向负载提供能量；两组续流二极管（VD1 和 VD4，或 VD2 和 VD3）同时导通时，i_o 和 u_o 反向，电感中储存的能量向直流侧反馈。

3）单相电压型全桥逆变电路特点

①两对桥臂交替导通 180°。

②全桥电路输出电压 u_o 波形和半桥电路的输出电压 u_o 波形形状相同，都是矩形波，但幅值增加一倍，即 $U_m = U_d$。

③在直流侧电压 U_d 和负载相同的情况下，其输出电流 i_o 的波形也与半桥电路相同，仅幅值增加一倍。

④输出电压 u_o 波形是正负电压各为 180° 的矩形波。

⑤要改变输出交流电压的有效值只能通过改变直流电压 U_d 来实现。

4）基本数量关系

将幅值为 U_d 的电压矩形波 u_o 展开成傅里叶级数，得

$$u_o = \frac{4U_d}{\pi}\left(\sin\omega t + \frac{1}{3}\sin3\omega t + \frac{1}{5}\sin5\omega t + \cdots\right)$$

输出电压含奇次谐波，谐波次数为 $n = 2k \pm 1$，k 为自然数。各次谐波有效值与谐波次数成反比，且与基波有效值的比值为谐波次数的倒数。

其中，基波的幅值 U_{o1m} 和基波有效值 U_{o1} 分别为

$$U_{o1m} = \frac{4U_d}{\pi} = 1.27U_d$$

$$U_{o1} = \frac{2\sqrt{2}U_d}{\pi} = 0.9U_d$$

5）移相调压方式

单相全桥电压型逆变电路带阻感负载时，还可以采用移相调压的方式来调节逆变电路的输出电压，如图 4-12 所示。移相调压实际上就是调节输出电压脉冲的宽度。

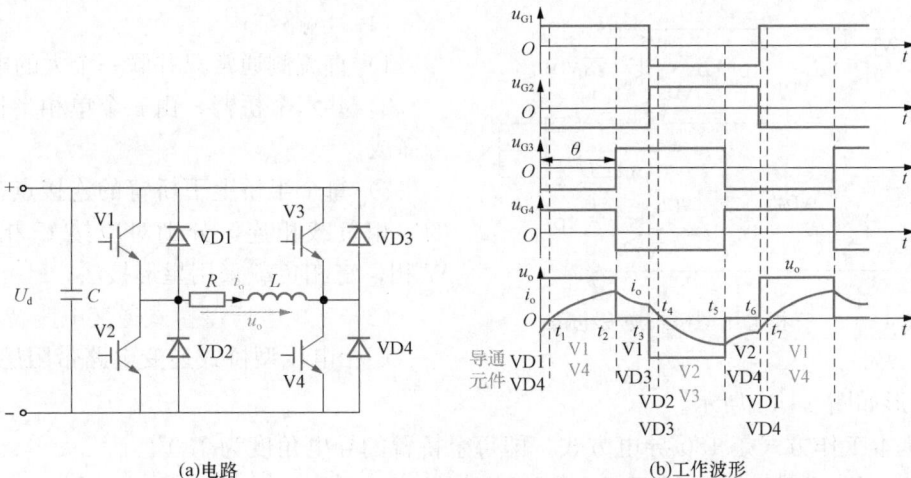

图 4-12 单相全桥逆变电路的移相调压方式电路与工作波形

①各 IGBT 的栅极信号仍为 180°正偏，180°反偏，并且 V1 和 V2 的栅极信号互补，V3 和 V4 栅极信号互补。

②V3 的基极信号比 V1 落后 θ（$0 < \theta < 180°$），V3、V4 的栅极信号分别比 V2、V1 的栅极信号前移了 $180° - \theta$。

③输出电压 u_o 是幅值为 U_d、正负脉冲宽度各为 θ 的矩形波。

④改变 θ，就可调节输出电压。

⑤带纯电阻负载时，采用上述移相方式也可以得到相同的结果，只是 VD1～ VD4 不再导通，不起续流作用。在 u_o 为零的期间，四个桥臂均不导通，负载也没有电流。

注：上述移相调压方式并不适用于半桥逆变电路。

笔记

2. 三相电压型逆变电路 A 类考点

在三相逆变电路中，应用最广的是三相桥式逆变电路。由 IGBT 作为开关器件构成的三相电压型桥式逆变电路，如图 4-13 所示。

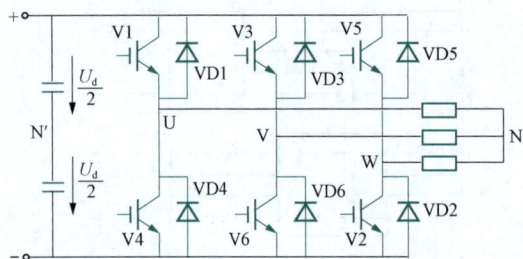

图 4-13 三相电压型桥式逆变电路

（1）电路结构

1）直流侧通常只并联一个大的电容。

2）共六个桥臂，由三个单相半桥电路组合而成。

3）每个半桥上下桥臂的连接点都与对应的一相负载相连，分别对应接 U 相、V 相、W 相，三相负载采用星形接法。

（2）三相电压型桥式逆变电路特点

三相电压型桥式逆变电路带阻感负载时，各输出波形如图 4-14 所示。

1）基本工作方式是 180°导电方式，即每个桥臂的导电角度为 180°。

2）同一相（即同一半桥）上下两桥臂交替导电，各相开始导电的角度差 120°。

3）在任一瞬间，均有三个桥臂同时导通：可能是上面一个桥臂，下面两个桥臂；也可能是上面两个桥臂，下面一个桥臂。

4）每次换流都是在同一相上下两臂之间进行，也称为纵向换流。

（3）工作波形

1）以直流侧中点 N′ 为参考点，输出相电压对于 U 相输出来说，当桥臂 1 导通时，$u_{\text{UN}'}=U_\text{d}/2$，当桥臂 4 导通时，$u_{\text{UN}'}=-U_\text{d}/2$，因此 $u_{\text{UN}'}$ 的波形是幅值为 $U_\text{d}/2$ 的矩形波。V、W 两相的情况和 U 相类似，$u_{\text{VN}'}$、$u_{\text{WN}'}$ 的波形形状和 $u_{\text{UN}'}$ 的波形相同，相位依次相差 120°，波形如图 4-14 中 $u_{\text{UN}'}$、$u_{\text{VN}'}$ 和 $u_{\text{WN}'}$。

2）负载线电压。负载线电压 u_{UV}、u_{VW}、u_{WU} 可由下式求出：

$$\begin{cases} u_{\text{UV}} = u_{\text{UN}'} - u_{\text{VN}'} \\ u_{\text{VW}} = u_{\text{VN}'} - u_{\text{WN}'} \\ u_{\text{WU}} = u_{\text{WN}'} - u_{\text{UN}'} \end{cases}$$

线电压 u_{UV} 波形如图 4-14 中 u_{UV} 所示。

3）负载相电压。设负载中点 N 与直流电源假想中点 N′ 之间的电压为 $u_{\text{NN}'}$，则负载各相的相电压分别为：

$$\begin{cases} u_{\text{UN}} = u_{\text{UN}'} - u_{\text{NN}'} \\ u_{\text{VN}} = u_{\text{VN}'} - u_{\text{NN}'} \\ u_{\text{WN}} = u_{\text{WN}'} - u_{\text{NN}'} \end{cases}$$

相电压 u_{UN} 波形如图 4-14 中 u_{UN} 所示。

4）负载电流。当负载参数已知时，可以由逆变电路相电压的波形求出相电流的波形。负载的阻抗角 φ 不同时，相电流的波形形状和相位都有所不同，负载电流 i_U 波形如图 4-14 中 i_U 所示。

i_V、i_W 的波形和 i_U 的形状相同，相位依次相差 120°。把桥臂 1、3、5 的电流加起来，就能够得到直流侧电流 i_d 的波形。i_d 每隔 60° 脉动一次，而直流侧电压基本无脉动，因此逆变器从交流侧向直流侧传送的功率是脉动的，脉动的情况和 i_d 脉动情况基本一致。

（4）基本数量关系

1）把输出线电压 u_{UV} 展开成傅里叶级数得

$$u_{\text{UV}} = \frac{2\sqrt{3}U_\text{d}}{\pi}\left(\sin\omega t - \frac{1}{5}\sin5\omega t - \frac{1}{7}\sin7\omega t + \frac{1}{11}\sin11\omega t + \frac{1}{13}\sin13\omega t - \cdots\right)$$

$$= \frac{2\sqrt{3}U_\text{d}}{\pi}\left[\sin\omega t + \sum_n \frac{1}{n}(-1)^k\sin n\omega t\right]$$

式中，$n = 6k\pm1$，k 为自然数。u_{UV} 所含谐波次数为 $6k\pm1$ 次。

输出线电压的有效值 U_{UV} 为

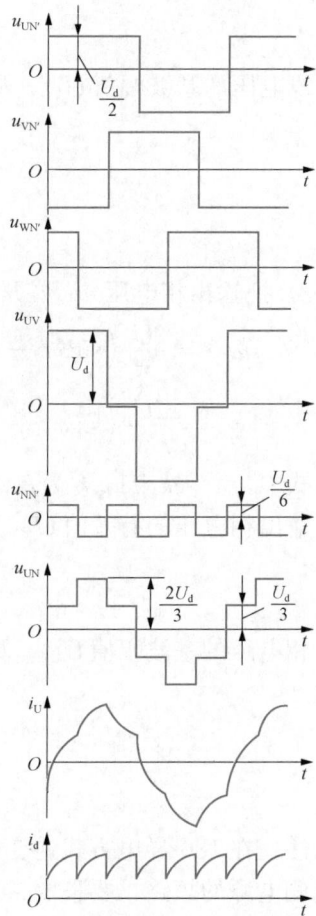

图 4-14　三相电压型桥式逆变电路工作波形

$$U_{UV} = \sqrt{\frac{2}{3}} U_d = 0.816 U_d$$

线电压的基波幅值 U_{UV1m} 及基波有效值 U_{UV1} 分别为

$$U_{UV1m} = \frac{2\sqrt{3}U_d}{\pi} = 1.1 U_d$$

$$U_{UV1} = \frac{U_{UV1m}}{\sqrt{2}} = 0.78 U_d$$

2）把输出相电压 u_{UN} 展开成傅里叶级数得：

$$u_{UN} = \frac{2U_d}{\pi}\left(\sin\omega t + \frac{1}{5}\sin5\omega t + \frac{1}{7}\sin7\omega t + \frac{1}{11}\sin11\omega t + \frac{1}{13}\sin13\omega t + \cdots\right)$$

$$= \frac{2U_d}{\pi}\left(\sin\omega t + \sum_n \frac{1}{n}\sin n\omega t\right)$$

式中，$n = 6k \pm 1$，k 为自然数。u_{UN} 所含谐波次数为 $6k \pm 1$ 次。

输出相电压的有效值 U_{UN} 为

$$U_{UN} = \frac{U_{UV}}{\sqrt{3}} = 0.471 U_d$$

相电压的基波幅值 U_{UN1m} 及基波有效值 U_{UN1} 分别为

$$U_{UN1m} = \frac{2U_d}{\pi} = 0.637 U_d$$

$$U_{UN1} = \frac{U_{UN1m}}{\sqrt{2}} = 0.45 U_d$$

注：在 180°导电方式逆变器中，为了防止同一相上下两桥臂的开关器件同时导通而引起直流侧电源的短路，要采取"先断后通"的方法。这种控制方式会使电压型逆变电路在工作过程中存在死区时间。死区时间的长短要视器件的开关速度而定，器件的开关速度越快，所留的死区时间就可以越短。"先断后通"的方法对于工作在上下桥臂通断互补方式下的单相半桥和单相全桥逆变电路也是适用的。

笔记

4.4　电 流 型 逆 变 电 路

电流型逆变电路——直流侧电源为电流源的逆变电路。实际上理想直流电流源并不多见，通常是在逆变电路直流侧串联一个大电感，因为大电感中的电流脉动很小，因此可以看成直流电流源。

电流型逆变电路主要特点：

（1）直流侧串大电感，相当于电流源。直流侧电流基本无脉动，直流回路呈现高阻抗。

（2）电路中开关器件的作用是改变直流电流的流通路径，因此交流侧输出电流为矩形波，与负载阻抗角无关。而交流侧输出电压波形和相位因负载阻抗情况的不同而不同。

（3）当交流侧为阻感负载时需要提供无关功率，直流侧电感起缓冲无功能量的作用。由于反馈无功能量时直流电流并不反向，因此不必给开关器件反并联二极管。

所用器件及换流方式：

（1）采用半控型器件的电压型逆变电路已很少应用，因此电压型逆变电路都采用全控型器件，换流方式为器件换流。

（2）电流型逆变电路中，采用半控型器件的电路仍应用较多，就其换流方式而言，有的采用负载换流，有的采用强迫换流。

1. 单相电流型逆变电路

（1）电路结构及工作原理

图 4 - 15 为单相桥式电流型逆变电路的原理图及工作波形。

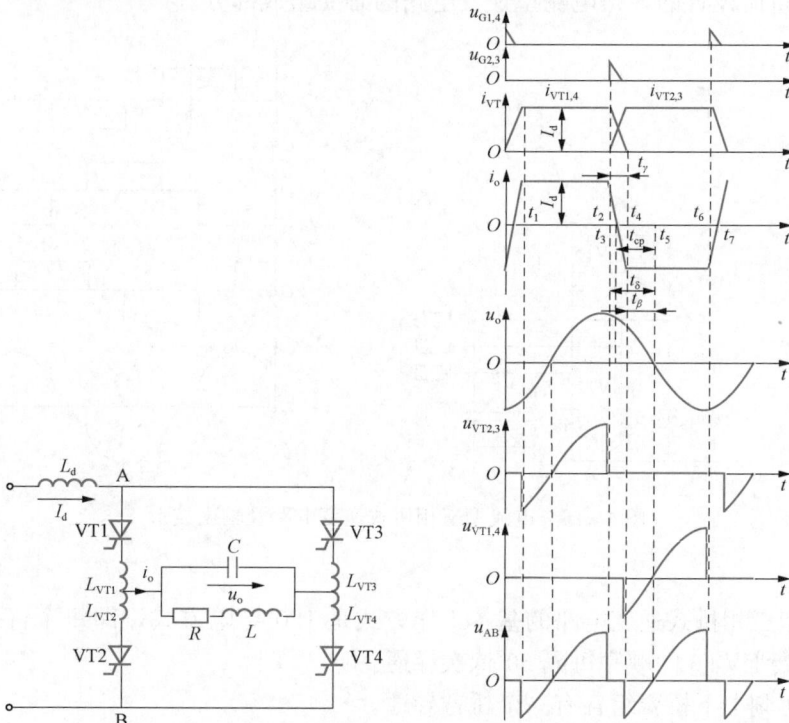

图 4 - 15　单相桥式电流型逆变电路的原理图及工作波形

1) 电路由四个桥臂构成，每个桥臂的晶闸管各串联一个电抗器 L_T，L_T 用来限制晶闸管开通时的 di/dt。

2) 该电路采用负载换相方式工作，要求负载电流略超前于负载电压，即负载略呈容性。电容 C 和 L、R 构成并联谐振电路，故这种逆变电路也被称为并联谐振式逆变电路。

3) 在交流电流的一个周期内，该电路有两个稳定导通阶段和两个换流阶段。

（2）结论

1) 因为是电流型逆变电路，故其交流输出电流波形接近矩形波，其中包含基波和各奇次谐波，且谐波幅值远小于基波。

2) 因基波频率接近负载电路谐振频率，故负载电路对基波呈现高阻抗，而对谐波呈现低阻抗，谐波在负载电路上产生的压降很小，因此负载电压的波形接近正弦波。

3) 如果忽略换流过程，i_o 可近似看成矩形波，展开成傅里叶级数可得

$$i_o = \frac{4I_d}{\pi}\left(\sin\omega t + \frac{1}{3}\sin3\omega t + \frac{1}{5}\sin5\omega t + \cdots\right)$$

其基波电流有效值为

$$I_{o1} = \frac{4I_d}{\sqrt{2}\pi} = 0.9I_d$$

2. 三相电流型逆变电路

（1）电路结构及工作原理

图 4-16 为电流型三相桥式逆变电路，其中 GTO 为反向阻断型器件，若为反向导电型器件，必须给每个 GTO 串联二极管以承受反向电压。交流侧电容器是为吸收换流时负载电感中储存的能量而设置的，是电流型逆变电路的必要组成部分。

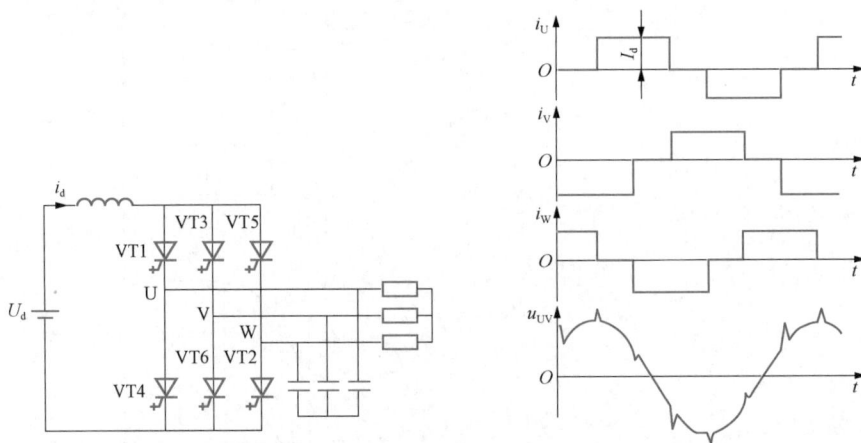

图 4-16　电流型三相桥式逆变电路及输出波形

（2）结论

1) 电流型三相桥式逆变电路的基本工作方式是 120°导电方式，即每个臂一周期内导电 120°，按 VT1 到 VT6 的顺序每隔 60°依次导通。

2) 每个时刻上下桥臂组各有一个桥臂导通。

3) 换流时，是在上桥臂组或下桥臂组的组内依次换流，为横向换流。

4）因为输出交流电流波形和负载性质无关，是正负脉冲宽度各为 120°的矩形波。输出电流波形和三相桥式可控整流电路在大电感负载下的交流输入电流波形形状相同，谐波分析表达式也相同，输出电流所含谐波次数也为 $n=6k\pm1$ 次。

5）输出线电压波形和负载性质有关，其波形大体为正弦波，但叠加了一些脉冲，这是由逆变器中的换流过程而产生的。

6）输出交流电流的基波有效值 I_{U1} 和直流电流 I_d 的关系为

$$I_{U1} = \frac{\sqrt{6}}{\pi}I_d = 0.78I_d$$

电流型三相桥式逆变电路输出电流波形和三相电压型桥式逆变电路输出线电压波形形状相同，所以输出电流基波有效值 I_{U1} 和线电压基波有效值 U_{UV1} 两个公式的系数相同。

4.5　多重逆变电路和多电平逆变电路

电压型逆变电路的输出电压是矩形波，电流型逆变电路的输出电流是矩形波，矩形波中含有较多的谐波，对负载会产生不利影响。

为了减少矩形波中所含谐波：

（1）采用多重逆变电路把几个矩形波组合起来，使之成为接近正弦波的波形。

（2）可以改变电路结构，构成多电平逆变电路，它能够输出较多的电平，从而使输出电压向正弦波靠近。

电压型逆变电路和电流型逆变电路都可以实现多重化。

1．多重逆变电路

（1）单相电压型二重逆变电路

图 4-17 是单相电压型二重逆变电路原理图及其工作波形。

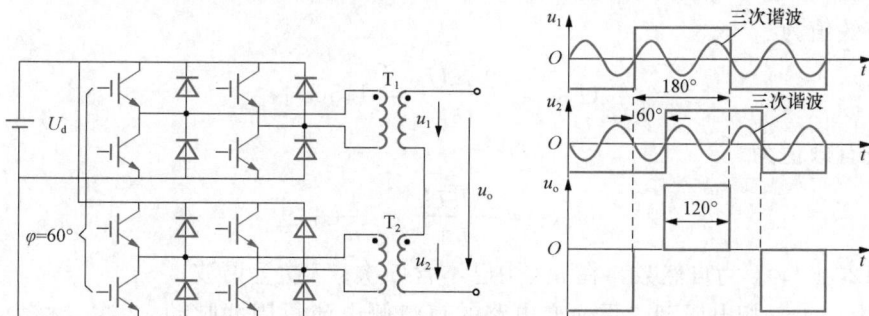

图 4-17　单相电压型二重逆变电路原理图及其工作波形

1）电路结构：由两个单相全桥逆变电路组成，输出电压通过变压器 T_1 和 T_2 串联起来。

2）输出电压波形：u_1 和 u_2 相位错开 $\varphi=60°$，3 次谐波就错开了 $3\times60°=180°$。所以输出电压 u_o 波形是幅宽为 120°的矩形波，和三相桥式逆变电路 180°导通方式下的线电压输出波形相同。其中只含 $6k\pm1$（$k=1，2，3，\cdots$）次谐波，不含 $3k$（$k=1，2，3，\cdots$）次谐波。

3）结论：①把若干个逆变电路的输出按一定的相位差组合起来，使它们所含的某些主要谐波分量相互抵消，就可以得到较为接近正弦波的波形。②从电路输出的合成方式来看，多重逆变电路有串联多重和并联多重两种方式，串联多重是把几个逆变电路的输出串联起来，电压型逆变电路多用串联多重方式；并联多重是把几个逆变电路的输出并联起来，电流型逆变电路多用并联多重方式。

（2）三相电压型二重逆变电路

三相电压型二重逆变电路原理图及工作波形如图 4-18 所示。

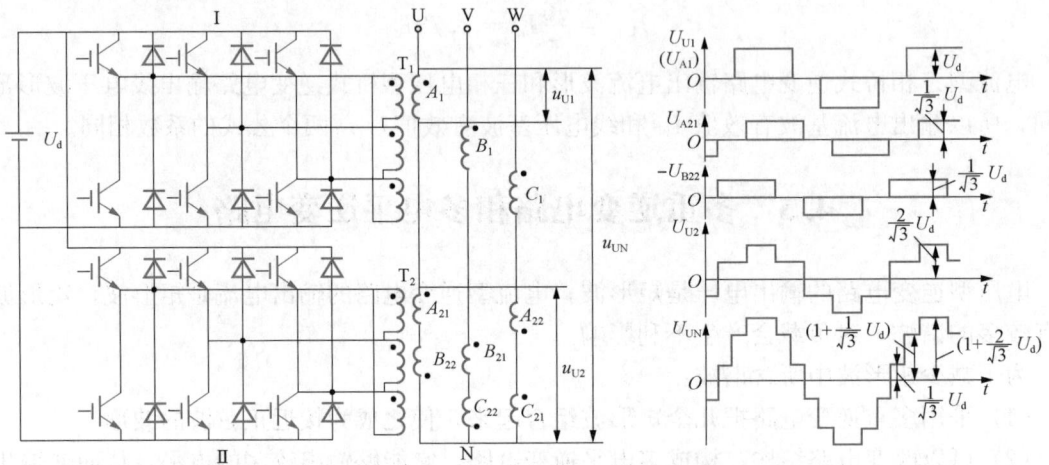

图 4-18　三相电压型二重逆变电路原理图及其工作波形

1）电路结构：该电路由两个三相桥式逆变电路构成，其输入直流电源公用，输出电压通过变压器 T_1 和 T_2 串联合成。两个逆变电路均为 180°导电方式，这样它们各自输出的线电压都是 120°矩形波。

2）总输出相电压 u_{UN}。把由变压器合成后的输出电压 u_{UN} 展开成傅里叶级数，可求得其基波电压有效值为

$$U_{UN1} = \frac{2\sqrt{6}U_d}{\pi} = 1.56U_d$$

其 n 次谐波有效值为

$$U_{UNn} = \frac{2\sqrt{6}U_d}{n\pi} = \frac{1}{n}U_{UN1}$$

式中，$n=12k\pm1$，k 为自然数，在 u_{UN} 中已不含 5 次、7 次等谐波。

3）结论：①三相电压型二重逆变电路的直流侧电流每周期脉动 12 次，称为 12 脉波逆变电路。②一般来说，使 m 个三相桥式逆变电路的相位依次错开 $\pi/(3m)$ 运行，连同使它们输出电压合成并抵消上述相位差的变压器，就可以构成脉波数为 $6m$ 的逆变电路。

2. 多电平逆变电路

（1）两电平逆变电路

如图 4-19 所示三相电压型桥式逆变电路，以直流侧中点 N′为参考点，对于 U 相输出来说，桥臂 1 导通时，$u_{UN'}=U_d/2$，桥臂 4 导通时，$u_{UN'}=-U_d/2$。V、W 两相类似。可以看出，电路输出相电压有 $U_d/2$ 和 $-U_d/2$ 两种电平。这种电路称为二电平逆变电路。

（2）多电平逆变电路

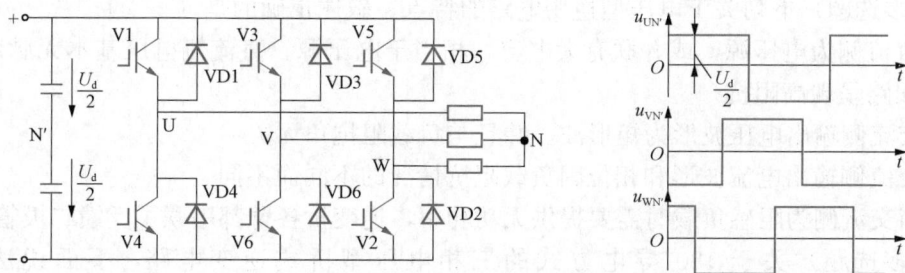

图 4 - 19　三相电压型桥式逆变电路

如果需要逆变器承受更高的电压，当然可以采用电压等级更高的 IGBT，或采用 IGBT 串联方式，IGBT 是高速器件，串联较困难，另外采用二电平逆变电路时，$\mathrm{d}i/\mathrm{d}t$ 较高，波形不太理想，这时，可以采用多电平逆变电路。

如果能使逆变电路的相电压输出更多电平，不但有可能承受更高的电压，也可以使其波形更接近正弦波。常用的多电平逆变电路有中点钳位型逆变电路，还有飞跨电容型逆变电路，以及单元串联多电平逆变电路。中点钳位型三电平逆变电路如图 4 - 20 所示。

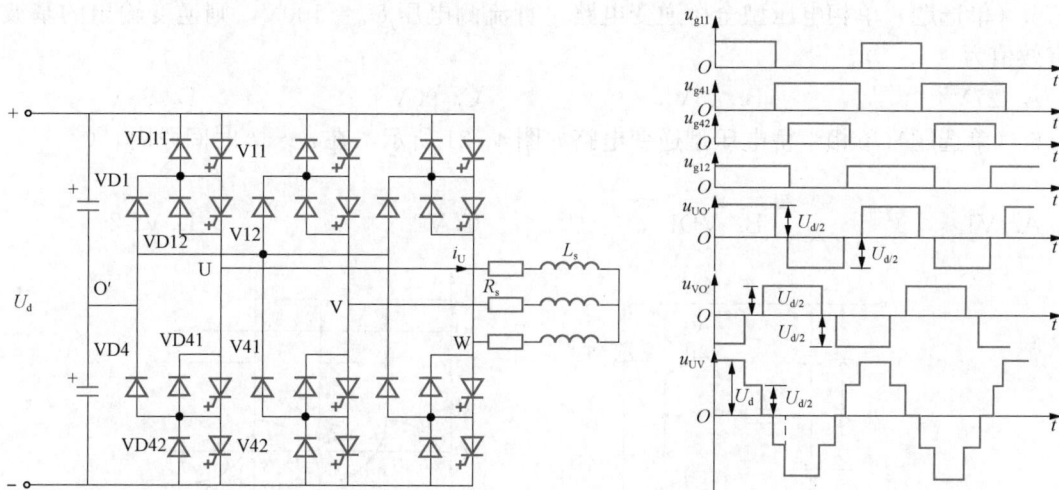

图 4 - 20　中点钳位型三电平逆变电路

结论：

1）两电平逆变电路的输出线电压有 $\pm U_\mathrm{d}$ 和 0 三种电平。

2）三电平逆变电路的输出线电压有 $\pm U_\mathrm{d}$、$\pm U_\mathrm{d}/2$ 和 0 五种电平。

3）三电平逆变电路输出电压谐波可大大少于二电平逆变电路。

4）中点钳位型三电平逆变电路还有另一突出优点，即每个主开关器件承受电压为直流侧电压的一半。这是该电路比二电平逆变电路更适合于高压大容量场合的主要原因。

习题

1.（多选题）晶闸管的换流方式包括（　　）。

A. 器件换流　　　　　B. 电网换流　　　　　C. 负载换流　　　　　D. 强迫换流

2. （多选题）下列关于电压型逆变电路的特点，叙述正确的是（　　　）。

A. 直流侧为电压源，或并联有大电容，相当于电压源。直流侧电压基本无脉动，直流回路呈现高阻抗

B. 交流侧输出电压波形为矩形波，并且与负载阻抗角无关

C. 交流侧输出电流波形和相位因负载阻抗情况的不同而不同

D. 当交流侧为阻感负载时需要提供无功功率，逆变桥各臂都串联了反馈二极管

3. （多选题）关于 180° 导电方式的三相电压型桥式逆变电路，下面说法正确的是（　　　）。

A. 每个桥臂的导电角度为 180° 导电方式

B. 各相开始导电的角度相差 180°

C. 任一瞬间有 3 个桥臂同时导通

D. 每次换流都是在同一相上下两臂之间进行，称为纵向换流

4. （单选题）某单相电压型半桥逆变电路，直流侧电压 $U_d = 100V$，则逆变输出的基波电压的最大值为（　　　）。

A. 53.5V　　　　　　B. 63.5V　　　　　　C. 73.5V　　　　　　D. 83.5V

5. （单选题）单相电压型全桥逆变电路，直流侧电压 $U_d = 100V$，则逆变输出的基波电压有效值为（　　　）。

A. 27V　　　　　　　B. 45V　　　　　　　C. 90V　　　　　　　D. 98V

6. （单选题）单相半桥电压型逆变电路如图 4-21 所示，在 $t_2 \sim t_3$ 时间段内，（　　　）导通。

A. V1　　　　　　　　B. VD1　　　　　　　C. V2　　　　　　　　D. VD2

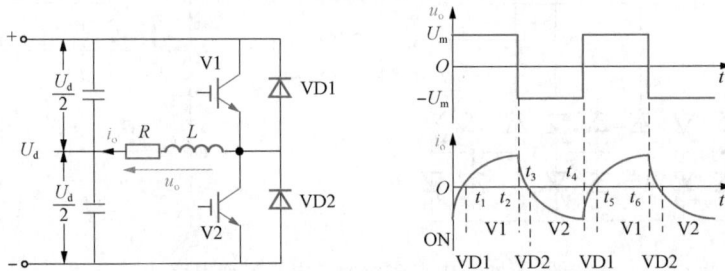

图 4-21　题 6 图

7. （多选题）三相电压型桥式逆变电路，如图 4-22 所示，下列说法正确的是（　　　）。

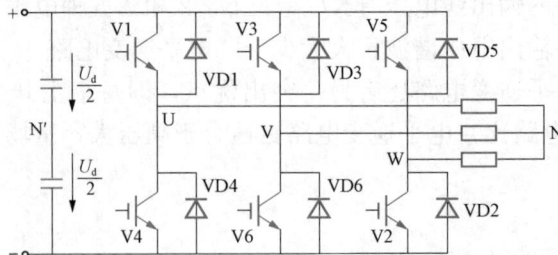

图 4-22　题 7 图

A. 输出相电压 $u_{UN'}$ 包含 $\pm U_d$ 两种电平

B. 输出相电压 $u_{UN'}$ 包含（$\pm 1/2$）U_d 两种电平

C. 负载线电压 u_{UV} 由 $\pm U_d$ 和 0 共 3 种电平组成

D. 负载相电压 u_{UN} 由（$\pm 2/3$）U_d、（$\pm 1/3$）U_d 和 0 共 5 种电平组成

8.（单选题）三相电压型桥式逆变电路，输入直流电压 U_d＝100V，则（　　　）。

A. 负载相电压的基波有效值为 45V

B. 输出线电压的基波有效值为 110V

C. 输出线电压的 7 次谐波有效值为（110/7）V

D. 负载相电压的幅值为 100V

9.（单选题）关于三相电压型桥式逆变电路输出线电压与相电压中所含的谐波，下列说法中错误的是（　　　）。

A. 两者所含谐波次数均为 $6k$（k 为正整数）次

B. 两者所含谐波次数均为 $6k\pm 1$（k 为正整数）次

C. 各次谐波有效值与谐波次数成反比

D. 各次谐波有效值与基波有效值的比值为谐波次数的倒数

10.（单选题）多重逆变电路的主要目的是（　　　）。

A. 减少谐波　　　　　　　　　　　B. 提高输出电压

C. 增大输出电流　　　　　　　　　D. 提高可靠性

11.（判断题）电压型逆变电路，每个逆变桥臂并联反馈二极管的目的是向直流侧反馈有功能量。（　　　）

12.（判断题）单相半桥电压型逆变电路输出交流电压的幅值 U_m 为 $0.5U_d$，单相全桥电压型逆变电路输出交流电压的幅值 U_m 为 U_d。（　　　）

13.（判断题）电压型逆变电路一般采用全控型器件，换流方式为器件换流。（　　　）

14.（判断题）感性负载的电路才可以实现负载换流。（　　　）

15.（判断题）单相全桥电压型逆变电路，可以采用移相调压的方式来调节逆变电路的输出电压，但移相调压方式并不适用于带阻感负载的半桥逆变电路。（　　　）

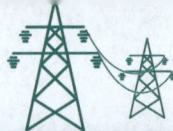

第5章

直流—直流变流电路

概念及分类：直流—直流变流电路的功能是将直流电变为另一固定电压或可调电压的直流电，包括直接直流变流电路和间接直流变流电路。

直接直流变流电路也称斩波电路：它的功能是将直流电变为另一固定电压或可调电压的直流电，一般是指直接将直流电变为另一直流电，这种情况下输入与输出之间不隔离。

间接直流变流电路：在直流变流电路中增加了交流环节，在交流环节中通常采用变压器实现输入输出间的隔离，因此也称为带隔离的直流—直流变流电路或直—交—直电路。

5.1　基本斩波电路　A 类考点

6 种基本斩波电路：降压斩波电路、升压斩波电路、升降压斩波电路、Cuk 斩波电路、Sepic 斩波电路和 Zeta 斩波电路。

5.1.1　降压斩波电路

[电路分析]

1）图 5-1 为降压斩波电路原理图及波形，其中，V 为全控型器件 IGBT，换流方式为器件换流；也可采用其他器件，若采用晶闸管，需设置使晶闸管关断的辅助电路，换流方式为强迫换流。

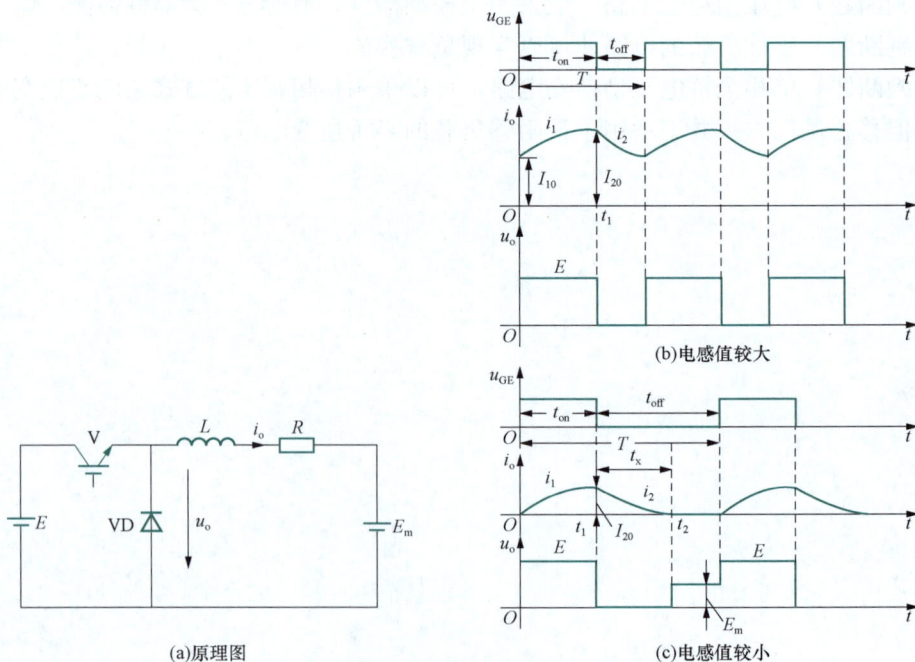

(a)原理图　　　(b)电感值较大　　　(c)电感值较小

图 5-1　降压斩波电路的原理图及波形

2）为在全控型器件 V 关断时给负载中电感电流提供通道，设置了续流二极管 VD。斩波电路主要用于电子电路的供电电源，负载中无反电动势，$E_m=0$；也可拖动直流电动机或带蓄电池负载等，后两种情况下负载中均会出现反电动势，即 $E_m \neq 0$。

［工作原理］

1）电感值较大：

$t=0$ 时刻驱动 V 导通，电源 E 向负载供电，负载电压 $u_o=E$，负载电流 i_o 按指数曲线上升。

$t=t_1$ 时控制 V 关断，二极管 VD 续流，负载电压 u_o 近似为零，负载电流呈指数曲线下降，通常串接较大电感 L 使负载电流连续且脉动小。

至一周期 T 结束，再驱动 V 导通，重复上一周期的过程。

2）电感值较小：

若负载中 L 值较小，在 V 关断后，到了 t_2 时刻，如图 5-1（c）所示，负载电流已衰减至零，出现负载电流断续的情况。负载电压 u_o 平均值会被抬高，一般不希望出现电流断续的情况。

［基本的数量关系］

电流连续时：

（1）负载电压的平均值为

$$U_o = \frac{t_{on}}{t_{on}+t_{off}}E = \frac{t_{on}}{T}E = \alpha E$$

式中：t_{on} 为 V 处于通态的时间；t_{off} 为 V 处于断态的时间；T 为开关周期；α 为导通占空比，简称占空比或导通比。

（2）负载电流平均值为

$$I_o = \frac{U_o - E_m}{R}$$

［斩波电路有三种控制方式］

1）脉冲宽度调制（PWM）：T 不变，改变 t_{on}，这种方式应用最多。

2）频率调制：t_{on} 不变，改变 T。

3）混合型：t_{on} 和 T 都可调，改变占空比。

（3）假设电感值 L 无穷大，负载电流平直，则电源电流平均值为

$$I_1 = \frac{t_{on}}{T}I_o = \alpha I_o$$

忽略电路中的损耗，则

$$EI_1 = \alpha EI_o = U_o I_o$$

即输出功率等于输入功率，可将降压斩波器看作直流降压变压器。

5.1.2 升压斩波电路

［电路分析］

图 5-2 为升压斩波电路原理图及波形，该电路中采用的也是全控型器件。

［工作原理］

假设 L 和 C 值很大：

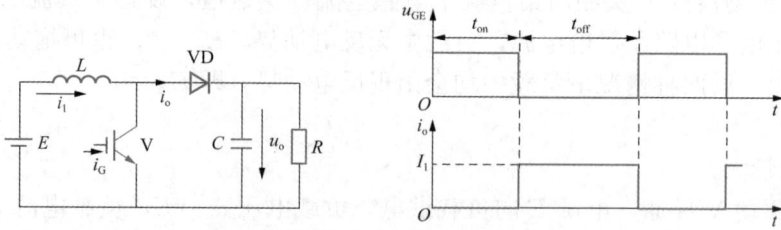

图 5-2　升压斩波电路及其工作波形

1）V 处于通态时，电源 E 向电感 L 充电，电流恒定 I_1，电容 C 向负载 R 供电，输出电压 u_o 恒定。

2）V 处于断态时，电源 E 和电感 L 同时向电容 C 充电，并向负载提供能量。

至一周期 T 结束，再驱动 V 导通，重复上一周期的过程。

［基本的数量关系］

（1）负载电压的平均值为

$$U_o = \frac{T}{t_{off}}E = \frac{1}{\beta}E = \frac{1}{1-\alpha}E$$

其中，将升压比的倒数记作 β，即 $\beta = t_{off}/T$，则 $\alpha + \beta = 1$。

（2）输出电流的平均值为

$$I_o = \frac{U_o}{R} = \frac{1}{\beta}\frac{E}{R}$$

（3）电源电流为

$$I_1 = \frac{U_o}{E}I_o = \frac{1}{\beta^2}\frac{E}{R}$$

（4）如果忽略电路中的损耗，则由电源提供的能量仅由负载 R 消耗，即

$$EI_1 = U_o I_o \qquad\qquad (5-1)$$

式（5-1）表明，与降压斩波电路一样，升压斩波电路也可看成是直流变压器。

［重要结论］

（1）升压斩波电路之所以能使输出电压高于电源电压，关键有两个原因：一是电感 L 储能之后具有使电压泵升的作用，二是电容 C 可将输出电压保持住。

（2）典型应用：一是用于直流电动机传动，二是用作单相功率因数校正（PFC）电路，三是用于其他交直流电源中。

5.1.3　升降压斩波电路和 Cuk 斩波电路

1. 升降压斩波电路

［电路分析］

图 5-3 所示为升降压斩波电路原理图及波形，该电路中采用的仍然是全控型器件。

［工作原理］

假设 L 和 C 值很大：

（1）V 导通时，电源 E 经 V 向 L 供电使其贮能，此时电流为 i_1，同时 C 维持输出电压恒定并向负载 R 供电。

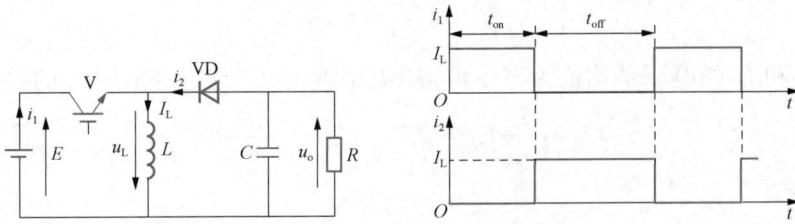

图 5 - 3　升降压斩波电路原理图及波形

（2）V 关断时，L 的能量向负载释放，电流为 i_2，负载电压极性为上负下正，与电源电压极性相反，该电路也称作反极性斩波电路。

至一周期 T 结束，再驱动 V 导通，重复上一周期的过程。

[基本的数量关系]

（1）负载电压的平均值为

$$U_o = \frac{t_{on}}{t_{off}} E = \frac{t_{on}}{T - t_{on}} E = \frac{\alpha}{1 - \alpha} E$$

[重要结论]

改变占空比 α，输出电压既可以比电源电压高，也可以比电源电压低。当 $0 < \alpha < 1/2$ 时为降压，当 $1/2 < \alpha < 1$ 时为升压，因此将该电路称作升降压斩波电路。

（2）电源电流 i_1 和负载电流 i_2 的平均值分别为 I_1 和 I_2，当电流脉动足够小时，有

$$\frac{I_1}{I_2} = \frac{t_{on}}{t_{off}}, \ I_2 = \frac{t_{off}}{t_{on}} I_1 = \frac{1 - \alpha}{\alpha} I_1$$

如果 V、VD 为没有损耗的理想开关时，则输出功率和输入功率相等，即

$$EI_1 = U_o I_2$$

其输出功率和输入功率相等，可看作直流变压器。

2. Cuk 斩波电路

[电路分析]

图 5 - 4 为 Cuk 斩波电路原理图，Cuk 斩波电路也是一种升降压斩波电路，而且输出与输入电压也具有反极性。

[工作原理]

假设 L 和 C 值很大：

（1）V 导通时，$E—L_1—V$ 回路和 $R—L_2—C—V$ 回路分别流过电流。

（2）V 关断时，$E—L_1—C—VD$ 回路和 $R—L_2—VD$ 回路分别流过电流。

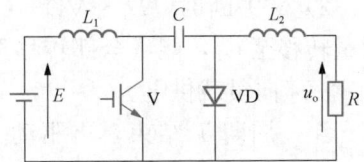

图 5 - 4　Cuk 斩波电路原理图

至一周期 T 结束，再驱动 V 导通，重复上一周期的过程。

[基本的数量关系]

（1）电容 C 的电流在一周期内的平均值应为零，即

$$\int_0^T i_C dt = 0 \Rightarrow I_2 t_{on} = I_1 t_{off}$$

$$\frac{I_2}{I_1} = \frac{t_{\text{off}}}{t_{\text{on}}} = \frac{T - t_{\text{on}}}{t_{\text{on}}} = \frac{1 - \alpha}{\alpha}$$

（2）由 L_1 和 L_2 的电压平均值为零，可得出输出电压 U_{o} 与电源电压 E 的关系为

$$U_{\text{o}} = \frac{t_{\text{on}}}{t_{\text{off}}} E = \frac{t_{\text{on}}}{T - t_{\text{on}}} E = \frac{\alpha}{1 - \alpha} E$$

［重要结论］

与升降压斩波电路相比，Cuk 斩波电路有一个明显的优点，其输入电源电流和输出负载电流都是连续的，且脉动很小，有利于对输入、输出进行滤波。

5.1.4　Sepic 斩波电路和 Zeta 斩波电路

1. Sepic 斩波电路

Sepic 斩波电路如图 5-5 所示。

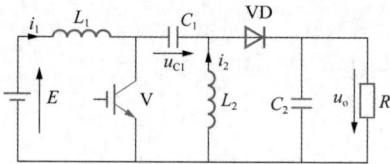
图 5-5　Sepic 斩波电路

［工作原理］

假设 L 和 C 值很大：

1）V 导通时，$E—L_1—V$ 回路和 $C_1—V—L_2$ 回路同时导电，L_1 和 L_2 贮能。

2）V 关断时，$E—L_1—C_1—VD—$负载回路及 $L_2—VD—$负载回路同时导电，此阶段 E 和 L_1 既向负载供电，同时也向 C_1 充电（C_1 贮存的能量在 V 处于通态时向 L_2 转移）。

至一周期 T 结束，再驱动 V 导通，重复上一周期的过程。

［输入输出关系］

$$U_{\text{o}} = \frac{t_{\text{on}}}{t_{\text{off}}} E = \frac{t_{\text{on}}}{T - t_{\text{on}}} E = \frac{\alpha}{1 - \alpha} E$$

2. Zeta 斩波电路

Zeta 斩波电路如图 5-6 所示。

［工作原理］

假设 L 和 C 值很大：

1）V 导通时，电源 E 经开关 V 向电感 L_1 贮能。

2）V 关断时，$L_1—VD—C_1$ 构成振荡回路，L_1 的能量转移至 C_1，能量全部转移至 C_1 上之后，VD 关断，C_1 经 L_2 向负载供电。

至一周期 T 结束，再驱动 V 导通，重复上一周期的过程。

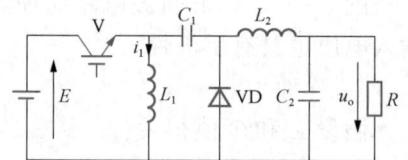
图 5-6　Zeta 斩波电路

［输入输出关系］

$$U_{\text{o}} = \frac{\alpha}{1 - \alpha} E$$

［重要结论］

1）Sepic 斩波电路和 Zeta 斩波电路具有相同的输入输出关系；Sepic 电路中，电源电流连续但负载是脉冲波形，有利于输入滤波；反之，Zeta 电路的电源电流是脉冲波形而负载电流连续。

2）与升降压斩波电路及 Cuk 斩波电路相比，Sepic 斩波电路和 Zeta 斩波电路输出电压均为正极性，且输入输出关系相同。

笔记

5.2　复合斩波电路和多相多重斩波电路

利用不同的基本斩波电路进行组合，可构成复合斩波电路，如电流可逆斩波电路、桥式可逆斩波电路等。利用相同结构的基本斩波电路进行组合，可构成多相多重斩波电路，可使斩波电路的整体性能得到提高。

5.2.1　电流可逆斩波电路　C 类考点

1. 背景

降压斩波电路拖动直流电动机时，电动机工作于Ⅰ象限；升压斩波电路中，电动机则工作于Ⅱ象限。两种情况下，电动机的电枢电流的方向不同，但均只能单方向流动。

电流可逆斩波电路是将降压斩波电路与升压斩波电路组合在一起，拖动直流电动机时，电动机的电枢电流可正可负，但电压只能是一种极性，故其可工作于Ⅰ象限和Ⅱ象限。

［电路分析］

图 5-7 为电流可逆斩波电路及其波形。V1 和 VD1 构成降压斩波电路，由电源向直流电动机供电，电动机为电动运行，工作于Ⅰ象限；V2 和 VD2 构成升压斩波电路，把直流电动机的动能转变为电能反馈到电源，电动机作再生制动运行，工作于Ⅱ象限。必须防止 V1 和 V2 同时导通，以避免导致电源短路，进而会损坏电路中的开关器件或电源。

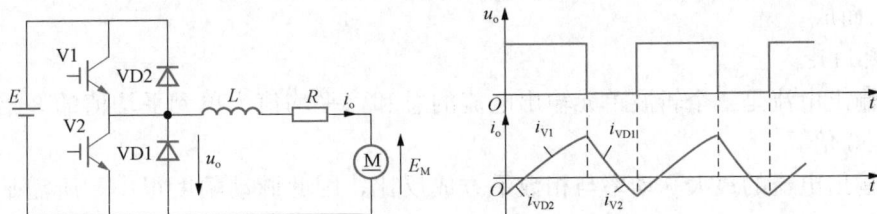

图 5-7　电流可逆斩波电路及其波形

2. 工作原理

（1）两种工作情况：只作降压斩波器运行和只作升压斩波器运行。

（2）第 3 种工作方式：一个周期内交替地作为降压斩波电路和升压斩波电路工作；这种工作方式下，当一种斩波电路电流断续而为零时，使另一个斩波电路工作，电流反方向流过，这样电动机电枢回路总有电流流过。具体工作过程为：

1) 当降压斩波电路的 V1 关断后，由于积蓄的能量少，经一短时间电抗器 L 的储能即释放完毕，电枢电流为零。

2) 使 V2 导通，由于电动机反电动势 E_m 的作用使电枢电流反向流过，电抗器 L 积蓄能量。待 V2 关断后，由于 L 积蓄的能量和 E_m 共同作用使 VD2 导通，向电源反送能量。当反向电流变为零，即 L 积蓄的能量释放完毕时，再次使 V1 导通，又有正向电流流通。

如此循环，两个斩波电路交替工作。

5.2.2 桥式可逆斩波电路 C类考点

1. 背景

电流可逆斩波电路虽可使电动机的电枢电流可逆，实现电动机的两象限运行，但其所能提供的电压极性是单向的。当需要电动机进行正、反转以及可电动又可制动的场合，就必须将两个电流可逆斩波电路组合起来，分别向电动机提供正向和反向电压，即成为桥式可逆斩波电路，使电动机可以在Ⅳ象限运行。图 5-8 为桥式可逆斩波电路原理图。

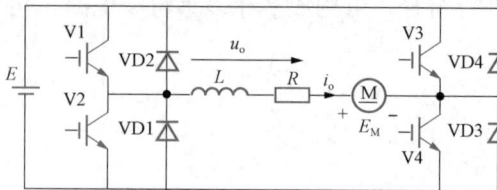

图 5-8 桥式可逆斩波电路原理图

2. 工作过程

（1）V4 导通时，可以等效为电流可逆斩波电路，提供正电压，可使电动机工作于第Ⅰ、Ⅱ象限；

（2）V2 导通时，V3、VD3 和 V4、VD4 等效为又一组电流可逆斩波电路，向电动机提供负电压，可使电动机工作于Ⅲ、Ⅳ象限。

5.2.3 多相多重斩波电路 C类考点

1. 电路分析

多相多重斩波电路是在电源和负载之间接入多个结构相同的基本斩波电路而构成的。一个控制周期中电源侧的电流脉波数称为斩波电路的相数，负载电流脉波数称为斩波电路的重数。

图 5-9 所示为三相三重降压斩波电路及其工作波形，该电路相当于由三个降压斩波电路单元并联而成。

2. 重要结论

1) 总输出电流是三个斩波单元输出电流的总和，平均值为单元平均值的 3 倍，脉动频率也提升至 3 倍。

2) 总输出电流的最大脉动率与相数平方成反比，因此脉动幅度很小，所需平波电抗器的质量大幅减轻。

3) 电源电流为各开关电流之和，脉动频率是单个斩波电路的 3 倍，谐波成分明显减少。

4) 电源电流的最大脉动率也随相数平方成反比下降，大大降低了由电源电流引起的干扰。

5) 多相多重斩波电路具备互为备用的功能，单元故障时其他单元可继续运行，提升了系统可靠性。

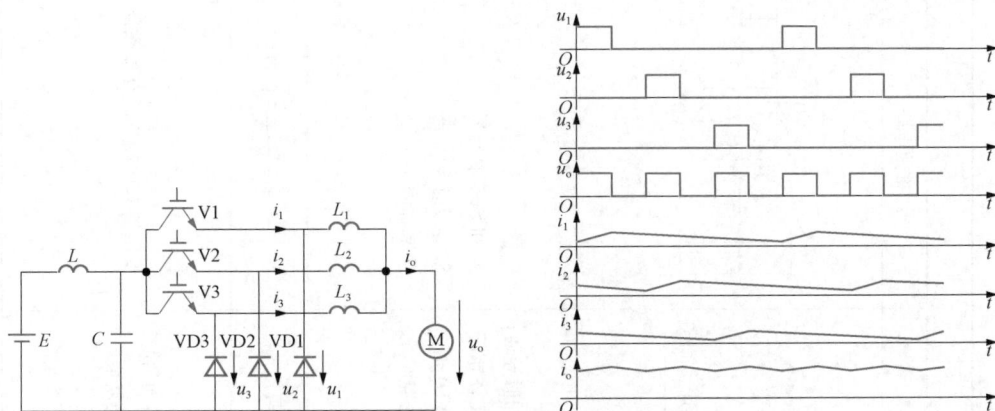

图 5-9　三相三重降压斩波电路及其工作波形

5.3　带隔离的直流—直流变流电路　C 类考点

带隔离的直流—直流变流电路的结构如图 5-10 所示，同直流斩波电路相比，直流变流电路中增加了交流环节，因此也称为直—交—直电路。

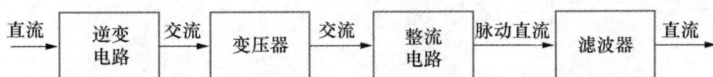

图 5-10　带隔离的直流—直流变流电路的结构

重要结论

（1）采用结构较复杂的直流—直流变换电路，主要原因：

1）输出端与输入端需要隔离。

2）某些应用中需要相互隔离的多路输出。

3）输出电压与输入电压的比例远小于 1 或远大于 1。

4）交流环节采用较高的工作频率，可以减小变压器和滤波电感、滤波电容的体积和质量。

因工作频率高，逆变电路常用全控型器件（如 GTR、MOSFET、IGBT），整流部分则采用快恢复二极管或肖特基二极管；在低压输出场合，还使用 MOSFET 同步整流以降低损耗。

（2）间接直流变流电路分为单端和双端电路两大类。

1）单端电路（如正激、反激）中，变压器承载直流脉动电流。

2）双端电路（如半桥、全桥、推挽）中，变压器承载对称交流电流。

（3）若输入直流源来自交流整流，间接直流变流电路构成交—直—交—直结构，即开关电源。

开关电源因采用高频交流环节，具有以下优势：

1）变压器和滤波器更小巧，整体体积质量大幅降低。

2）高频有助于提升控制性能。

因此，在数百千瓦以下功率范围，开关电源逐步取代了传统相控整流电源。

各种间接直流变流电路的比较情况如表 5-1 所示。

表 5-1 各种不同的间接直流变流电路的比较

分类	单端电路		双端电路		
电路	正激电路	反激电路	半桥电路	全桥电路	推挽电路
结构	(正激电路图：U_i、S、N_3、N_1、N_2、VD1、VD2、VD3、L、U_o)	(反激电路图：U_i、S、N_1、N_2、VD、U_o)	(半桥电路图：C_1、C_2、U_i、S_1、S_2、N_1、N_2、VD1、VD2、u_d、L、U_o)	(全桥电路图：U_i、S_1、S_2、S_3、S_4、u_T、N_1、VD1、VD2、VD3、VD4、u_d、L、U_o)	(推挽电路图：U_i、S_1、S_2、N_1、N_1'、N_2、N_2'、VD1、VD2、L、U_o)
原理	S通：传递能量。变压器绕组 W_1 上正下负，W_2 上正下负，VD1 通。 S断：不传递能量。VD1 关断，励磁 W_1 经去磁绕组 W_3 和 VD3 流回电源	S通：不传递能量。VD 关断，绕组 W_1 电流增长，储能。 S断：传递能量。绕组 W_1 电流断开，变压器磁场能量通过 W_2 和 VD 向输出断释放	S_1 和 S_2 交替导通。S_1 导通时 VD1 通。S_2 导通时 VD2 通。	互为对角的两个开关同时导通；同一侧半桥上下两开关交替导通。S_1 和 S_4 导通时 VD1 和 VD4 通。S_2 和 S_3 导通时 VD2 和 VD3 通。	S_1 和 S_2 交替导通。S_1 导通时 VD1 通。S_2 导通时 VD2 通。
关系	$\dfrac{U_o}{U_i}=\dfrac{N_2}{N_1}\dfrac{t_{on}}{T_e}$	$\dfrac{U_o}{U_i}=\dfrac{N_2}{N_1}\dfrac{t_{on}}{t_{off}}$	$\dfrac{U_o}{U_i}=\dfrac{t_{on}}{T}\dfrac{N_2}{N_1}=\dfrac{N_2}{N_1}D$	$\dfrac{U_o}{U_i}=\dfrac{2t_{on}}{T}\dfrac{N_2}{N_1}=\dfrac{2N_2}{N_1}D$	$\dfrac{U_o}{U_i}=\dfrac{2t_{on}}{T}\dfrac{N_2}{N_1}=\dfrac{2N_2}{N_1}D$
特点	变压器单相激磁，利用率低	变压器单相激磁，利用率低。电路最简单，成本低，驱动简单。小功率电子设备	变压器双向励磁。没有偏磁问题	变压器双向励磁。结构复杂，成本高，驱动复杂。有直通问题。大功率工业电源	变压器双向励磁。有偏磁问题

习题

1. 斩波电路的主要作用是（　　　）。

A. 改变电压频率
B. 改变电压极性
C. 控制输出电压的平均值
D. 控制电流相位

2. 在斩波电路中，若开关频率保持不变，改变占空比会影响（　　　）。

A. 开关频率
B. 输出电压的平均值
C. 输出电压的有效值
D. 输入电流的频率

3. 升压型斩波电路的输出电压特性是（　　　）。

A. 恒定电压
B. 输出电压低于输入电压
C. 输出电压等于输入电压
D. 输出电压高于输入电压

4. 降压型斩波电路中，当占空比为 0.5 时，输出电压与输入电压的关系为（　　　）。

A. 一样大
B. 输出电压为输入电压的一半
C. 输出电压为输入电压的两倍
D. 输出电压为零

5. 斩波电路中用于储能与能量转移的元件是（　　　）。

A. 电阻
B. 电感和电容
C. 二极管
D. IGBT

6. 升压斩波器的全控型器件导通期间，电感的行为是（　　　）。

A. 放电
B. 不变
C. 充电
D. 与电容并联

7. 降压斩波电路中，电源电压 $E=100\text{V}$，L 值极大，$R=10\Omega$，反电动势 $E_m=20\text{V}$，采用脉宽调制控制方式，$T=20\text{ms}$，当 $t_{on}=10\text{ms}$ 时，则输出电流平均值为（　　　）。

A. 2A
B. 3A
C. 4A
D. 5A

8. 某降压斩波器开关周期为 25 μs，则其斩波频率约为（　　　）。

A. 20kHz
B. 25kHz
C. 40kHz
D. 50kHz

9. （判断题）利用不同的斩波电路进行组合，可构成复合斩波电路。（　　　）

A. 正确
B. 错误

10. （判断题）斩波电路的输出电压是一个恒定值，与开关频率无关。（　　　）

A. 正确
B. 错误

11. 升降压斩波电路可以通过改变占空比实现输出电压高于或低于输入电压。（　　　）

A. 正确
B. 错误

12. （多选题）升压斩波电路的典型应用，包括（　　　）。

A. 直流电动机传动
B. 交流电动机传动
C. 单相功率因数校正电路
D. 三相功率因数校正电路

13. （多选题）升压斩波电路之所以能使输出电压高于电源电压，关键原因包括（　　　）。

A. 电感 L 储能之后具有使电压泵升的作用
B. 电容 C 储能之后具有使电压泵升的作用
C. 电感 L 可将输出电压保持住
D. 电容 C 可将输出电压保持住

14.（多选题）以下哪些器件可作为斩波电路的开关器件（　　）。

A. MOSFET
B. IGBT
C. 可控硅（SCR）
D. 二极管

15.（判断题）与 Cuk 斩波电路相比，升降压斩波电路有一个明显的优点，其输入电源电流和输出负载电流都是连续的，且脉动很小，有利于对输入、输出进行滤波。（　　）

A. 正确
B. 错误

16.（多选题）关于 Sepic 斩波电路和 Zeta 斩波电路，下列说法正确的是（　　）。

A. 具有相同的输入输出关系

B. Sepic 电路中，电源电流连续但负载电流断续，有利于输入滤波

C. Zeta 电路的电源电流断续而负载电流连续

D. 两种电路输出电压均为正极性

17.（判断题）电流可逆斩波电路中电动机可以工作在 I、II 象限，电压极性只有 1 种；当工作在降压斩波电路时，电动机工作于 I 象限。当升压斩波电路中，电动机则工作于 II 象限。（　　）

A. 正确
B. 错误

18.（多选题）下列电路中，变压器二次侧电流方向是双向的电路（　　）。

A. 反激电路
B. 半桥电路
C. 全桥电路
D. 推挽电路

第6章

交流—交流变流电路

1. 概念

交流—交流变流电路，即把一种形式的交流变成另一种形式交流的电路。在进行交流—交流变流时，可以改变相关的电压（电流）、频率和相数等。

2. 分类

交流—交流变流电路可以分为直接方式（无中间直流环节）和间接方式（有中间直流环节）两种，由于间接方式可以看作交流－直流变换电路和直流－交流变换电路的组合。

3. 直接方式

1）在交流—交流变流电路中，只改变电压、电流或对电路的通断进行控制，而不改变频率的电路称为交流电力控制电路；

2）改变频率的电路称为变频电路。

4. 交流电力控制电路

1）概念：把两个晶闸管反并联后串联在交流电路中，通过对晶闸管的控制就可以控制交流输出。这种电路不改变交流电的频率，称为交流电力控制电路。

2）分类：

交流调压电路：在每半个周波内通过对晶闸管开通相位的控制，可以方便地调节输出电压的有效值。

交流调功电路：以交流电的周期为单位控制晶闸管的通断，改变通态周期数和断态周期数的比，可以方便地调节输出功率的平均值。

交流电力电子开关：如果并不着意调节输出平均功率，而只是根据需要接通或断开电路。

6.1 交流调压电路

应用场合

灯光控制（如调光台灯和舞台灯光控制）、异步电动机的软起动、异步电动机调速。在电力系统中，常用于对无功功率的连续调节；在高电压小电流或低电压大电流直流电源中，也常采用交流调压电路调节变压器一次电压。

分类

交流调压电路可分为单相交流调压电路和三相交流调压电路。

6.1.1 单相交流调压电路 A类考点

1. 电阻负载

[工作原理]

图 6-1 为电阻负载单相交流调压电路图及其波形。

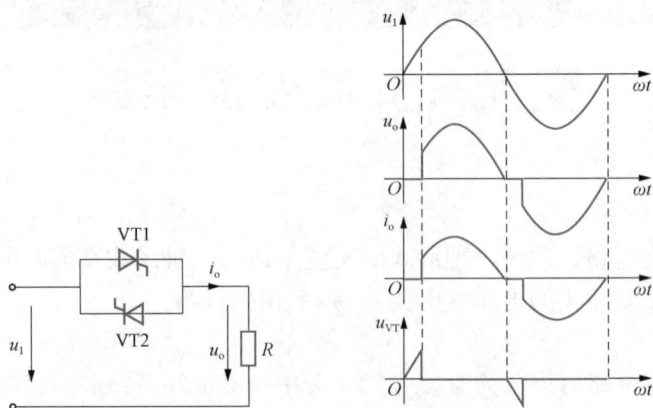

图 6-1 电阻负载单相交流调压电路图及其波形

（1）图中的晶闸管 VT1 和 VT2 也可以用一个双向晶闸管代替。

（2）正负半周 α 起始时刻（$\alpha = 0°$）均为电压过零时刻。在稳态情况下，应使正负半周的 α 相等。在交流电源 u_1 的正半周和负半周，分别对 VT1 和 VT2 的触发延迟角 α 进行控制就可以调节输出电压。

负载电压波形是电源电压波形的一部分，负载电流（也即电源电流）和负载电压的波形相同，因此通过触发延迟角 α 的变化就可实现输出电压的控制。

［基本的数量关系］

负载电压有效值为

$$U_o = \sqrt{\frac{1}{\pi} \int_\alpha^\pi (\sqrt{2} U_1 \sin\omega t)^2 \mathrm{d}(\omega t)} = U_1 \sqrt{\frac{1}{2\pi} \sin 2\alpha + \frac{\pi - \alpha}{\pi}}$$

负载电流有效值为

$$I_o = \frac{U_o}{R}$$

晶闸管电流有效值为

$$I_{VT} = \sqrt{\frac{1}{2\pi} \int_\alpha^\pi \left(\frac{\sqrt{2} U_1 \sin\omega t}{R}\right)^2 \mathrm{d}(\omega t)}$$

$$= \frac{U_1}{R} \sqrt{\frac{1}{2}\left(1 - \frac{\alpha}{\pi} + \frac{\sin 2\alpha}{2\pi}\right)}$$

功率因数为

$$\lambda = \frac{P}{S} = \frac{U_o I_o}{U_1 I_o} = \frac{U_o}{U_1} = \sqrt{\frac{1}{2\pi} \sin 2\alpha + \frac{\pi - \alpha}{\pi}}$$

［结论］

1）触发角 α 的移相范围为 $0° \leqslant \alpha \leqslant 180°$。

2）随着触发角 α 的增大，U_o 逐渐降低，λ 逐渐降低。

2. 阻感负载

［电路分析］

图 6-2 为阻感负载单相交流调压电路及其波形。晶闸管短接，稳态时负载电流为正弦

波，相位滞后于 u_1 的角度为 φ，当用晶闸管控制时，只能进行滞后控制，使负载电流更为滞后。

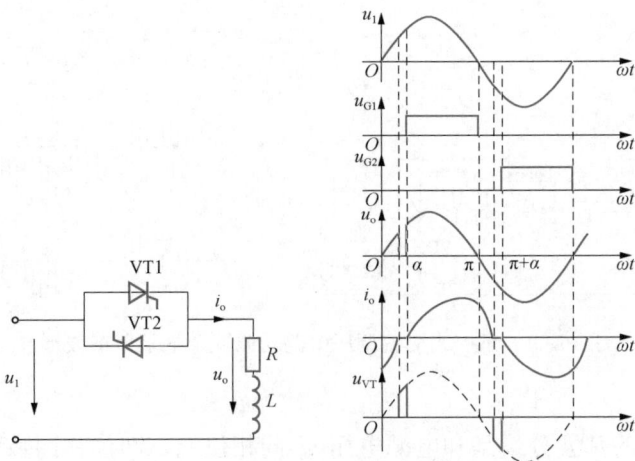

图 6-2　阻感负载单相交流调压电路及其波形

[重要结论]

设负载的阻抗角为 $\varphi = \arctan(\omega L/R)$。

（1）控制角 α 和负载阻抗角 φ 的关系不同，晶闸管每半周导通时会产生不同的过渡过程：

1）$\alpha > \varphi$ 时，电流断续，输出电压可控。

2）$\alpha \leqslant \varphi$ 时，电流连续，电压完整、不可控，电流为滞后电压 φ 的正弦波。

（2）稳态时，触发角 α 的移相范围应为 $\varphi \leqslant \alpha \leqslant \pi$。

（3）带电感性负载时，最小控制角 $\alpha = \varphi$，同时不能用窄脉冲触发，否则当 $\alpha < \varphi$ 时会发生一个晶闸管无法导通的现象。需采用宽度大于 $60°$ 的宽脉冲，或后沿固定、前沿可调、最大宽度可达 $180°$ 的脉冲列触发。

[谐波分析]

（1）电阻负载：由于波形正负半波对称，所以不含直流分量和偶次谐波；只含有 3、5、7……等次谐波。

（2）阻感负载：

1）电源电流中的谐波次数和电阻负载时相同，也是只含有 3，5，7……等次谐波，同样是随着次数的增加，谐波含量减少。

2）和电阻负载时相比，阻感负载时的谐波电流含量要少一些，而且 α 相同时，随着阻抗角 φ 的增大，谐波含量有所减少。

3. 斩控式交流调压电路

[电路分析]

斩控式交流调压电路的原理及电阻负载时的波形如图 6-3 所示。

[工作原理]

图 6-3 中 V1、V2、VD1、VD2 构成一双向可控开关。用 V1、V2 进行斩波控制，用 V3、V4 给负载电流提供续流通道。设斩波器件（V1、V2）导通时间为 t_{on}，开关周期为 T，

则导通比 $\alpha = t_{on}/T$。和直流斩波电路一样，也可以通过改变 α 来调节输出电压。

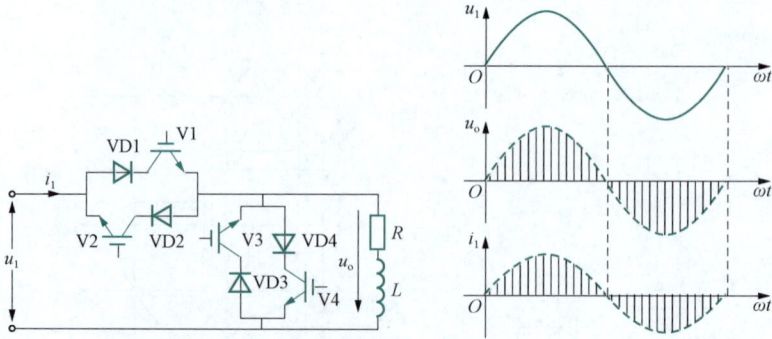

图 6-3　斩控式交流调压电路的原理及电阻负载波形

[结论]

1）电源电流 i_1 的基波分量是和电源电压 u_1 同相位的，即位移因数为1。

2）电源电流中不含低次谐波，只含和开关周期 T 有关的高次谐波。这些高次谐波用很小的滤波器即可滤除。这时电路的功率因数接近1。

6.1.2　星形联结三相交流调压电路　B类考点

星形联结电路分为三相三线和三相四线两种情况，如图6-4所示。

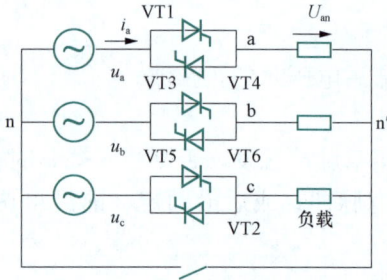

图 6-4　星形联结三相交流调压电路

1. 三线四线

[工作原理]

三相四线的情况相当于三个单相交流调压电路的组合，三相互相错开120°工作，单相交流调压电路的工作原理和分析方法均适用于这种电路。

[谐波分析]

在单相交流调压电路中，电流中含有基波和各奇次谐波。组成三相电路后基波和3倍次以外的谐波在三相之间流动，不流过零线；3的整数倍次谐波是同相位的，不能在各相之间流动，全部流过零线；当 $\alpha = 90°$ 时，零线电流甚至和各相电流的有效值接近。在选择导线线径和变压器时必须注意这一问题。

2. 三相三线

[电路分析]

图6-5为三相三线交流调压电路及其波形。

1）任一相导通须和另一相构成回路，因此电流通路中至少有两个晶闸管，应采用双脉冲或宽脉冲触发。

2）三相的触发脉冲应依次相差120°，同一相的两个反并联晶闸管触发脉冲应相差180°。

3）触发脉冲顺序和三相桥式全控整流电路一样，为 VT1～VT6，依次相差60°。

4）把相电压过零点定为触发角 α 的起点，三相三线电路中，两相间导通时是靠线电压

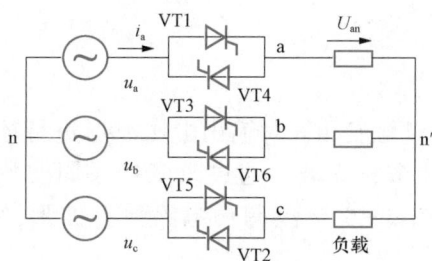
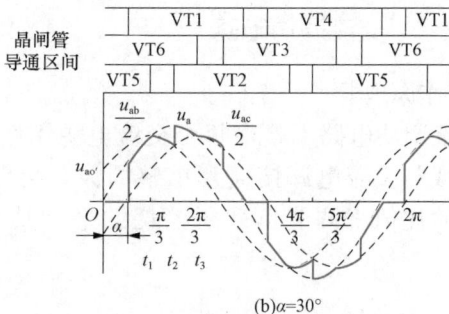

(a)电路

(b)α=30°

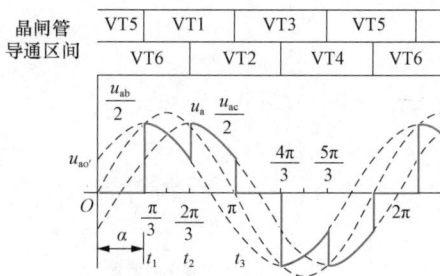
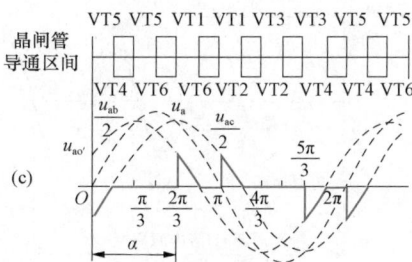

(c)α=60°

(d)α=120°

图 6-5　三相三线交流调压电路及其波形

导通的，而线电压超前相电压 30°，因此 α 角的移相范围是 0°～150°。

［工作过程］

根据任一时刻导通晶闸管个数以及半个周波内电流是否连续可将 0°～150°的移相范围分为如下三段：

1）0°≤α<60°：电路处于 3 个晶闸管导通与 2 个晶闸管导通的交替状态，每个晶闸管导通角度为 180°－α，但 α=0°时是一种特殊情况，一直是 3 个晶闸管导通。

2）60°≤α<90°：任一时刻都是 2 个晶闸管导通，每个晶闸管的导通角为 120°。

3）90°≤α≤150°电路处于 2 个晶闸管导通与无晶闸管导通的交替状态，每个晶闸管导通角为 2×（150°－α）。

6.2　其他交流电力控制电路　C 类考点

［交流调功电路与交流调压电路异同点］

（1）相同之处：电路形式完全相同。

（2）不同点：

1）调节对象：交流调压电路调节的是输出电压的有效值，而交流调功电路调节的是输出功率；

2）控制方式：交流调压电路采用的是相位控制方式，而交流调功电路采用的是周波控制（通断控制）。

3）应用场合：交流调功电路常用于电炉的温度控制。

6.2.1 交流调功电路

[工作原理]

交流调功电路不是在每个交流电源周期都通过触发角 α 对输出电压波形进行控制,而是将负载与交流电源接通几个整周波,再断开几个整周波,通过改变接通周波数与断开周波数的比值来调节负载所消耗的平均功率。图 6-6 交流调功电路典型波形及电流频谱图。

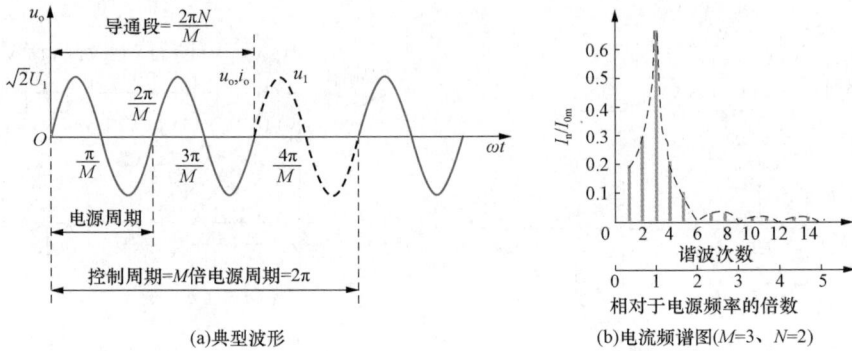

(a)典型波形　　(b)电流频谱图($M=3$、$N=2$)

图 6-6　交流调功电路典型波形及电流频谱图

[谐波分析]

1) 在交流电源接通期间,负载电压电流都是正弦波,不对电网电压电流造成通常意义的谐波污染。

2) 由电流频谱图可知,如果以电源周期为基准,电流中不含整数倍频率的谐波。但含有非整数倍频率的谐波,而且在电源频率附近,非整数倍频率谐波的含量较大。

6.2.2 交流电力电子开关

[概念]

把晶闸管反并联后串入交流电路中,代替电路中的机械开关,起接通和断开电路的作用,这就是交流电力电子开关。交流电力电子开关中的晶闸管采用的控制方式为通断控制。

[和机械开关相比]

1) 响应速度快,没有触点,寿命长,可以频繁控制通断。

2) 交流电力电容器的投入与切断是控制无功功率的一种重要手段。和用机械开关投切电容器的方式相比,晶闸管投切电容器(TSC)是一种性能优良的无功补偿方式。

[与交流调功电路的区别]

1) 并不控制电路的平均输出功率。

2) 通常没有明确的控制周期,只是根据需要控制电路的接通和断开。

3) 控制频度通常比交流调功电路低得多。

6.3　交—交变频电路

[概念]

采用晶闸管的交—交变频电路，这种电路也称为周波变流器。交—交变频电路是把电网频率的交流电直接变换成可调频率的交流电的变流电路。因为没有中间直流环节，因此属于直接变频电路。

交—交变频电路广泛用于大功率交流电动机调速传动系统，实际使用的主要是三相输出交—交变频电路。

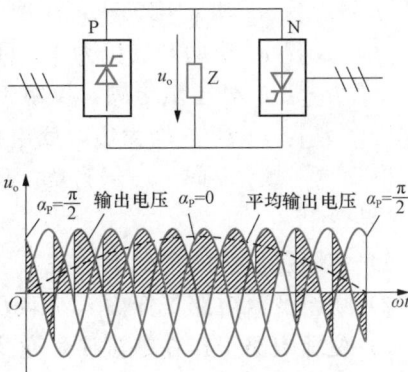

6.3.1　单相交—交变频电路　A 类考点

[工作原理]

图 6-7 是单相交—交变频电路的基本原理图和输出电压波形。

图 6-7　单相交—交变频电路原理图和输出电压波形

电路由 P 组和 N 组反并联的晶闸管变流电路构成，和直流电动机可逆调速用的 Ⅳ 象限变流电路完全相同。

1）变流器 P 组和 N 组都是相控整流电路，P 组工作时，负载电流 i_o 为正；N 组工作时，i_o 为负。

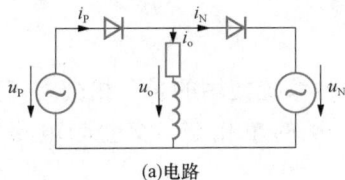

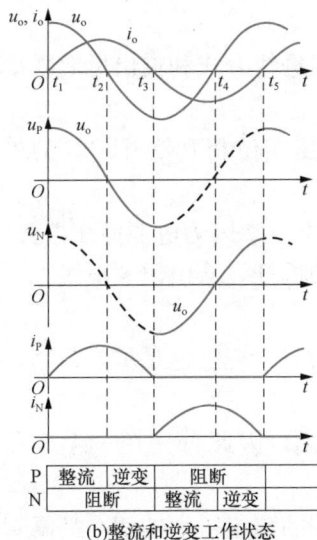

2）让两组变流器按一定的频率交替工作，负载就得到该频率的交流电。

3）改变两组变流器的切换频率，就可以改变输出频率 ω_o。

4）改变变流电路工作时的触发角 α，就可以改变交流输出电压的幅值。为了使输出电压 u_o 的波形接近正弦波，可以按正弦规律对触发延迟角 α 进行调制。

[控制规律]

在半个周期内让 P 组 α 角按正弦规律从 90°减到 0°或某个值，再增加到 90°，每个控制间隔内的平均输出电压就按正弦规律从零增至最高，再减到零；另外半个周期可对 N 组进行同样的控制。u_o 由若干段电源电压拼接而成。

在 u_o 的一个周期内，包含的电源电压段数越多，其波形就越接近正弦波。因此，交—交变频电路通常采用 6 脉波的三相桥式电路或 12 脉波变流电路。

[整流与逆变工作状态]

以阻感负载为例，图 6-8 为理想化交—交变频电路的整流和逆变工作状态。

设负载阻抗角为 φ，则输出电流滞后输出电压 φ 角，

(a)电路

(b)整流和逆变工作状态

图 6-8　理想化交—交变频电路的整流和逆变工作状态

两组变流电路采取无环流工作方式，即一组变流电路工作时，封锁另一组变流电路的触发脉冲。

[工作过程]

$[t_1，t_3]$：i_o处于正半周，正组工作，反组被封锁。

$[t_1，t_2]$：u_o和i_o均为正，正组整流，输出功率为正。

$[t_2，t_3]$：u_o反向，i_o仍为正，正组逆变，输出功率为负。

$[t_3，t_5]$：i_o处于负半周，反组工作，正组被封锁。

$[t_3，t_4]$：u_o和i_o均为负，反组整流，输出功率为正。

$[t_4，t_5]$：u_o反向，i_o仍为负，反组逆变，输出功率为负。

[结论]

1）在阻感负载的情况下，在一个输出电压周期内，交—交变频电路有 4 种工作状态。

2）哪组变流电路工作由 i_o 方向决定，与 u_o 极性无关。

3）变流电路工作在整流还是逆变状态，根据 u_o 方向与 i_o 方向是否相同来确定。

[输出上限频率]

1）输出频率增高时，输出电压一周期所含电网电压段数减少，波形畸变严重，电压波形畸变及其导致的电流波形畸变和转矩脉动是限制输出频率提高的主要因素。

2）当采用 6 脉波三相桥式电路时，一般认为输出上限频率不高于电网频率的 $1/3\sim1/2$，电网频率为 50Hz 时，交—交变频电路的输出上限频率约为 20Hz。

6.3.2　三相交—交变频电路　B 类考点

[电路分析]

交—交变频电路主要应用于大功率交流电机调速系统，这种系统使用的是三相交—交变频电路，三相交—交变频电路是由三组输出电压相位各差 120°的单相交—交变频电路组成的。

[电路接线方式]

三相交—交变频电路主要有两种接线方式，即公共交流母线进线方式和输出星形联结方式，如图 6-9 所示。

（1）公共交流母线进线方式：由三组彼此独立的、输出电压相位相互错开 120°的单相交—交变频电路构成。

1）特点：①电源进线通过进线电抗器接在公共的交流母线上。②因为电源进线端公用，所以三组的输出端必须隔离。为此，交流电动机的三个绕组必须拆开，共引出 6 根线。

2）适用场合：主要用于中等容量的交流调速系统。

（2）输出星形联结方式：三组输出端是星形联结，电动机的三个绕组也是星形联结，电动机中点不和变频器中点接在一起，电动机只引出三根线即可。

1）特点：因为三组输出连接在一起，其电源进线必须隔离，因此分别用三个变压器供电。

构成三相变频电路的六组桥式电路中，至少要有不同输出相的两组桥中的四个晶闸管同时导通才能构成回路，形成电流。

同一组桥内的两个晶闸管靠双触发脉冲保证同时导通，两组桥之间则是靠各自的触发脉

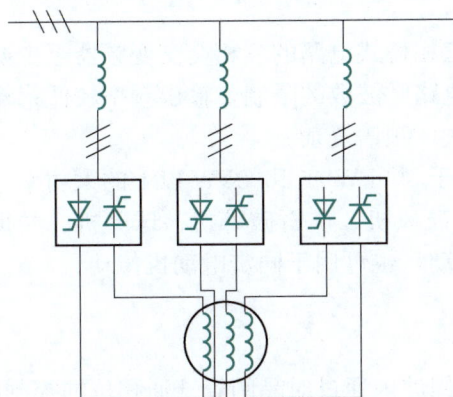

(a)公共交流母线进线方式

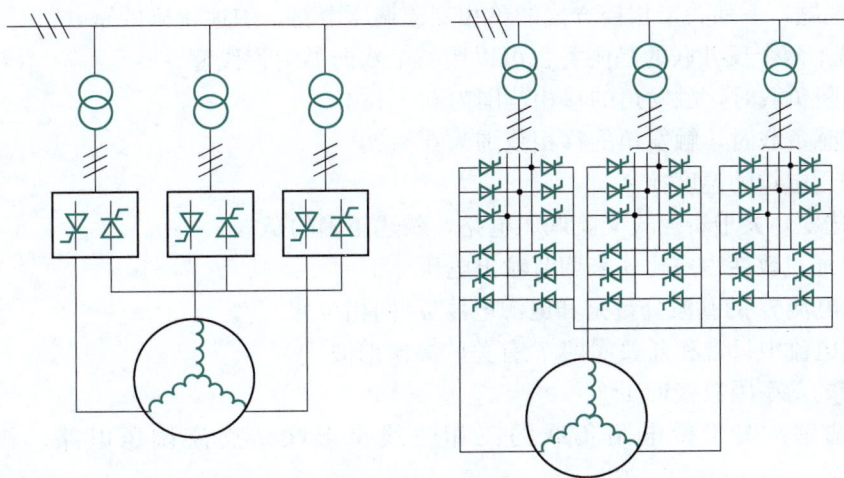

(b)输出星形联结方式

图 6-9 三相交—交变频电路简图

冲有足够的宽度，以保证同时导通。

2）适用场合：主要用于较大容量的交流调速系统。

[输入输出特性]

1）输出上限频率和输出电压谐波与单相交—交变频电路是一致。

2）输入电流：有些谐波相互抵消，谐波种类有所减少，总的谐波幅值也有所降低。

3）三相的输入位移因数与单相输出时相同，由于三个单相交交变频电路的部分输入电流谐波相互抵消，三相系统的基波因数增大，使其功率因数得以提高。

4）功率因数低仍是三相交交变频电路的一个主要缺点。

[重要结论]

交—交变频电路是一种直接变频电路和交—直—交变频电路比较。

（1）优点：只用一次变流，效率较高；可方便地实现Ⅳ象限工作，低频输出波形接近正弦波。

（2）缺点：

1）接线复杂，如采用三相桥式电路的三相交交变频器至少要用 36 只晶闸管。

2）受电网频率和变流电路脉波数的限制，输出频率较低；输入功率因数较低。

3）输入电流谐波含量大，频谱复杂。

（3）适用场合：主要用于 500kW 或 1000kW 以上的大功率、低转速的交流调速电路中，目前已在轧机主传动装置、鼓风机、矿石破碎机、球磨机、卷扬机等场合获得了较多的应用，既可用于异步电动机传动，也可用于同步电动机传动。

习题

1. （单选题）在每半个周波内通过对晶闸管开通相位的控制，可以方便地调节输出电压的（   ），这种电路称为交流调压电路。

A. 平均值　　　　　B. 最大值　　　　　　C. 有效值　　　　　　D. 瞬时值

2. （多选题）下列关于相控方式的单相交流调压电路，叙述正确的是（   ）。

A. 电路中两个反并联的晶闸管也可以用一个双向晶闸管代替

B. 带电阻负载时，触发角的移相范围为 $0°\sim180°$

C. 带阻感负载时，触发角的移相范围为 $0°\sim90°$

D. 常用于电炉的温度控制

3. （多选题）关于斩控式交流调压电路，叙述正确的是（   ）。

A. 可以通过改变占空比 α 来调节输出电压

B. 电源电流 i_1 的基波分量是和电源电压 u_1 同相位的

C. 电源电流中只含和开关周期 T 有关的高次谐波

D. 电路的功率因数接近 1

4. （多选题）关于带电阻负载的三相三线星形联结交流调压电路，叙述正确的是（   ）。

A. 同一相反并联的两个晶闸管的触发脉冲应相差 $180°$

B. 触发角的移相范围为 $0°\sim180°$

C. 当触发角 $\alpha=0°$ 时，电路一直是三个晶闸管导通

D. 当 $60°\leqslant\alpha<90°$ 时，任一时刻都是两个晶闸管导通，每个晶闸管的导通角度为 $120°$

5. （判断题）交流调功电路主要用于异步电机的软启动。（   ）

A. 正确　　　　　B. 错误

6. （单选题）（   ）是晶闸管交流调压电路带电感负载的一个典型应用，（   ）的基本原理实际上是就是用交流电力电子开关来投入或者切除电容器。

A. TCR，SVC　　　　　　　　　　B. SVC，TSC

C. TSC，TCR　　　　　　　　　　D. TCR，TSC

7. （判断题）交—交变频电路广泛用于小功率、高转速的交流电动机调速传动系统。（   ）

A. 正确　　　　　B. 错误

8. （单选题）关于带阻感负载的单相交—交变频电路，下列叙述错误的是（   ）。

A. P 组工作时，负载电压 u_o 为正；N 组工作时，负载电压 u_o 为负

B. 在一个输出电压周期内，交—交变频电路有 4 种工作状态

C. 改变两组变流器的切换频率，就可以改变输出频率

D. 改变变流电路工作时的触发角 α，就可以改变交流输出电压的幅值

9.（单选题）当交—交变频电路采用的是 6 脉波的三相桥式电路，而电网频率为 50Hz 时，交—交变频电路的输出上限频率约为（　　）。

A. 10Hz　　　　　B. 20Hz　　　　　C. 30Hz　　　　　D. 100Hz

10.（单选题）单相交—交变频电路，若 $u_\circ > 0$，$i_\circ < 0$，则（　　）。

A. 正组工作，反组被封锁，正组变流电路工作在整流状态，输出功率为正

B. 正组工作，反组被封锁，正组变流电路工作在逆变状态，输出功率为负

C. 反组工作，正组被封锁，反组变流电路工作在整流状态，输出功率为正

D. 反组工作，正组被封锁，反组变流电路工作在逆变状态，输出功率为负

11.（多选题）关于输出星形联结的三相交—交变频电路，叙述正确的是（　　）。

A. 由三组彼此独立的、输出电压相位相互错开 120° 的单相交—交变频电路构成

B. 电源进线必须隔离，因此分别用三个变压器供电

C. 交流电动机的三个绕组必须拆开，共引出 6 根线

D. 构成三相变频电路的六组桥式电路中，至少要有不同输出相的两组桥中的四个晶闸管同时导通才能构成回路

12.（多选题）交—交变频电路和交—直—交变频电路相比，叙述正确的是（　　）。

A. 只用一次变流，效率较高

B. 输出频率越高，其输出波形越接近正弦波

C. 接线复杂，如采用三相桥式电路的三相交—交变频器至少要用 36 只晶闸管

D. 输入电流只含高次谐波，谐波含量少，功率因数高

第7章

PWM 控制技术

7.1 概　　述

1. 概念

PWM（Pulse Width Modulation）控制：对脉冲的宽度进行调制的技术，即通过对一系列脉冲的宽度进行调制，来等效地获得所需要波形（含形状和幅值）。

SPWM（Sinusoidal PWM）波形：脉冲的宽度按正弦规律变化而和正弦波等效的 PWM 波形。

2. 面积等效原理

地位：面积等效原理是 PWM 控制技术的重要理论基础。

原理内容：冲量相等而形状不同的窄脉冲加在具有惯性的环节上时，其效果基本相同。图 7-1 所示为用一系列等幅不等宽的 PWM 脉冲代替正弦波的过程。

3. 分类

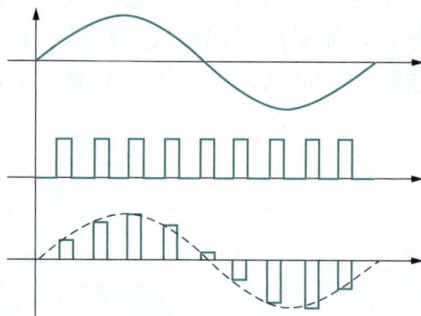

PWM 波形可分为等幅 PWM 波和不等幅 PWM 波两种，如图 7-2 所示，由直流电源产生的 PWM 波通常是等幅的 PWM 波。

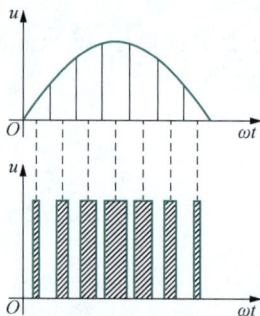

图 7-1　用 PWM 波代替正弦波　　　图 7-2　等幅 PWM 波和不等幅 PWM 波

7.2 PWM 逆变电路及其控制方法

依据 PWM 波形生成方式的不同，PWM 控制方法可分为：计算法、调制法及跟踪控制法三种。实际中应用的主要是调制法。

7.2.1 计算法和调制法

1. 计算法　C 类考点

概念：根据逆变电路的正弦波输出频率、幅值和半个周期内的脉冲数，将 PWM 波形中各脉冲的宽度和间隔准确计算出来，按照计算结果控制逆变电路中各开关器件的通断，就可以得到所需要的 PWM 波形，这种方法称之为计算法。

缺点：计算法是很繁琐的，当需要输出的正弦波的频率、幅值或相位变化时，结果都要变化。

2. 调制法 A 类考点

[概念]

调制法是把希望输出的波形作为调制信号，把接受调制的信号作为载波，通过信号波的调制得到所期望的 PWM 波形。

通常采用等腰三角波或锯齿波作为载波，其中等腰三角波应用最多。在调制信号波为正弦波时，所得到的就是 SPWM 波形，这种情况应用最广，本节主要介绍这种控制方法。当调制信号不是正弦波，而是其他所需要的波形时，也能得到与之等效的 PWM 波。

7.2.2 PWM 逆变电路 A 类考点

本节介绍采用调制法的单相桥式 PWM 逆变电路。

单相桥式 PWM 逆变电路原理图如图 7-3 所示。

（1）单极性 PWM 控制方式

概念：在调制信号 u_r 的半个周期内，三角波载波 u_c 只在正极性或负极性一种极性范围内变化，所得到的 PWM 波形也只在单个极性范围变化的控制方式。

[重要结论]

负载相电压的 PWM 波由 $\pm U_d$ 和 0 三种电平组成，如图 7-4（a）所示。

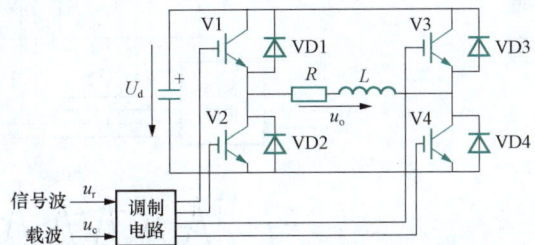

图 7-3 单相桥式 PWM 逆变电路原理图

（2）双极性 PWM 控制方式

[概念]

在 u_r 的半个周期内，三角波载波 u_c 有正有负，所得的 PWM 波也是有正有负。

[重要结论]

负载相电压的 PWM 波由 $\pm U_d$ 两种电平组成，如图 7-4（b）所示。

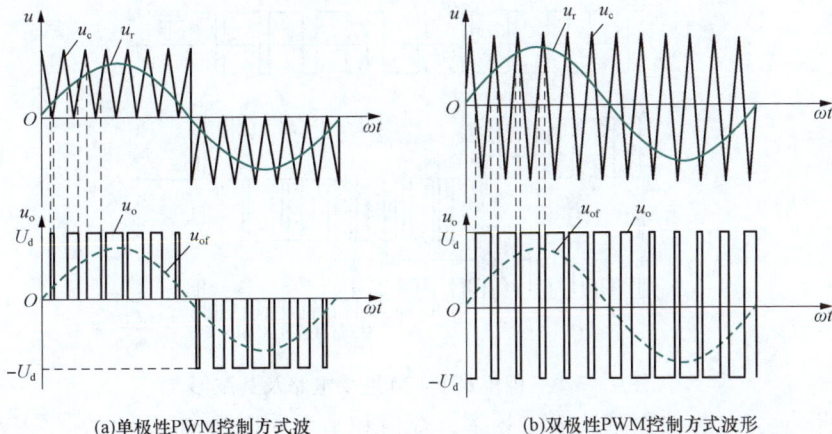

(a)单极性PWM控制方式波

(b)双极性PWM控制方式波形

图 7-4 单相桥式逆变电路输出 PWM 波形

電力电子技术

总之，单相桥式电路既可采取单极性调制，也可采用双极性调制，由于对开关器件通断控制的规律不同，它们的输出波形也有较大的差别。

（3）三相桥式 PWM 逆变电路

1）调制法

三相桥式 PWM 逆变电路均采用双极型 PWM 控制方式，U、V 和 W 三相的 PWM 控制通常共用一个三角波载波 u_c，三相的调制信号 u_{rU}、u_{rV} 和 u_{rW} 依次相差 120°。

[重要结论]

输出线电压 PWM 波由 $\pm U_d$ 和 0 三种电平构成，负载相电压的 PWM 波由（$\pm 2/3$）U_d、（$\pm 1/3$）U_d 和 0 共五种电平组成，如图 7-5 所示。

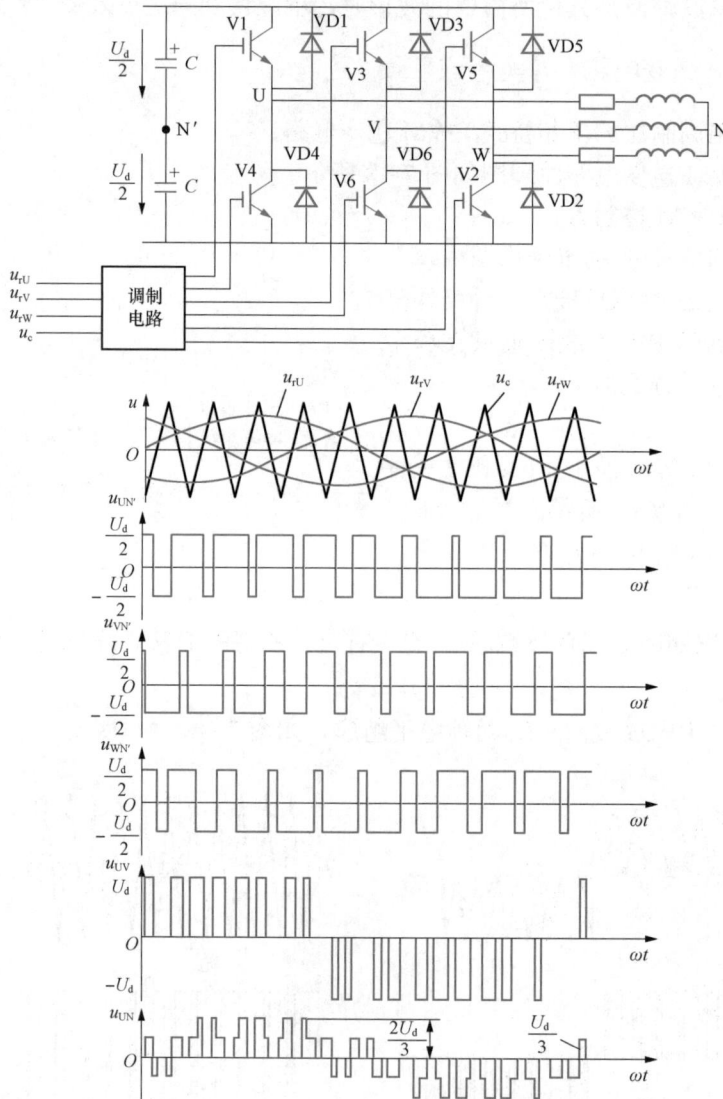

图 7-5 三相桥式 PWM 逆变电路及其波形

2）特定谐波消去法

三相桥式 PWM 逆变电路，若在输出电压的半个周期内，器件开通和关断各 3 次（不包括 0 和 p 时刻），由于通常在三相对称电路的线电压中，相电压所含的 3 次谐波相互抵消，因此，利用特定谐波消去法还可以消去 5 次和 7 次谐波这两种特定频率的谐波。

［重要结论］

一般来说，如果在输出电压半个周期内开关器件开通和关断各 k 次，考虑到 PWM 波四分之一周期对称，共有 k 个开关时刻可以控制。除去用一个自由度来控制基波幅值外，可以消去 $k-1$ 个频率的特定谐波。

7.2.3　异步调制和同步调制　B 类考点

载波比：载波频率 f_c 与调制信号频率 f_r 之比 $N=f_c/f_r$ 称为载波比。

分类：根据载波和信号波是否同步及载波比的变化情况，PWM 调制方式可分为异步调制和同步调制两种。

（1）异步调制

［概念］

载波信号和调制信号不保持同步的调制方式称为异步调制。

［重要结论］

在采用异步调制方式时，希望采用较高的载波频率，以使在信号波频率较高时仍能保持较大的载波比。

（2）同步调制

［概念］

载波比 N 等于常数，并在变频时使载波和信号波保持同步的方式称为同步调制。

在三相 PWM 逆变电路中，通常共用一个三角波载波，为了使三相输出波形严格对称和一相的 PWM 波正负半周镜对称，取 N 为 3 的整数倍且为奇数。

［重要结论］

①当逆变电路输出频率很低时，同步调制时的 f_c 也很低，f_c 过低时由调制带来的谐波不易滤除，当负载为电动机时也会带来较大的转矩脉动和噪声。②当逆变电路输出频率很高时，同步调制时的 f_c 会过高，使开关器件难以承受。

（3）分段同步调制

把调制信号频率 f_r 范围划分成若干个频段，如图 7-6 所示，每个频段内都保持载波比 N 为恒定，不同频段的载波比不同。

①在调制信号频率 f_r 高的频段采用较低的载波比，以使载波频率 f_c 不致过高，限制在功率开关器件允许的范围内。

②在调制信号频率 f_r 低的频段采用较高的载波比，以使 f_c 不致过低而对负载产生不利影响。

为了防止 f_c 在切换点附近的来回跳动，在各频率切换点采用了滞后切换的方法。

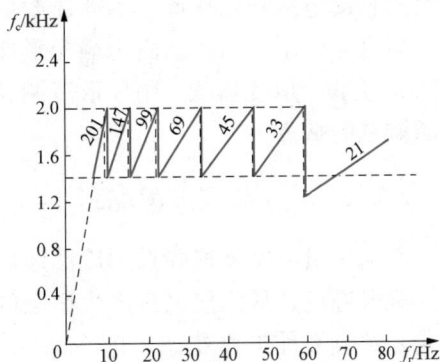

图 7-6　分段同步调制方式举例

有的装置在低频输出时采用异步调制方式，而在高频输出时切换到同步调制方式，这样可以把两者的优点结合起来，和分段同步方式的效果接近。

7.2.4 PWM逆变电路的谐波分析 A类考点

PWM逆变电路可以使输出电压、电流接近正弦波，但由于使用载波对正弦信号波调制，也产生了和载波有关的谐波分量。这些谐波分量的频率和幅值是衡量PWM逆变电路性能的重要指标之一，因此有必要对PWM波形进行谐波分析。这里主要分析常用的双极性SPWM波形。

常用双极性SPWM波形的比较，如表7-1所示。

表7-1   **常用双极性SPWM波形的比较**

电路	单相桥式PWM逆变电路	三相桥式PWM逆变电路
结论	其PWM波中不含有低次谐波，只含有角频率为ω_c及其附近的谐波，以及$2\omega_c$、$3\omega_c$等及其附近的谐波。在上述谐波中，幅值最高、影响最大的是角频率为ω_c的谐波分量	与单相桥式PWM逆变电路相比： ①相同点：不含低次谐波； ②显著的区别：载波角频率ω_c整数倍的谐波没有了，谐波中幅值较高的是$\omega_c\pm2\omega_r$和$2\omega_c\pm\omega_r$
	SPWM波形中所含的谐波主要是角频率为ω_c、$2\omega_c$及其附近的谐波，一般情况下$\omega_c\gg\omega_r$，是很容易滤除的	

7.2.5 提高直流电压利用率和减少开关次数 C类考点

直流电压利用率是指逆变电路所能输出的交流电压基波最大幅值U_{1m}和直流电压U_d之比，提高直流电压利用率可以提高逆变器的输出能力。减少开关次数可以降低开关损耗。

对于正弦波调制的三相PWM逆变电路来说，在调制度a为最大值1时（调制度＝调制波幅值/载波幅值），输出相电压的基波幅值为$U_d/2$，输出线电压的基波幅值为$(\sqrt{3}/2)U_d$，即直流电压利用率仅为0.866。采用正弦波和三角波比较的调制方法，实际电路工作时，考虑到功率器件的开通和关断都需要时间，如不采取其他措施，调制度不可能达到1，实际能得到的直流电压利用率比0.866还要低。不用正弦波，而采用梯形波作为调制信号，可以有效提高直流电压利用率。因为当梯形波幅值和三角波幅值相等时，梯形波所含的基波分量幅值已超过了三角波幅值。用梯形波调制时，输出波形中含有5次、7次等低次谐波，这是梯形波调制的缺点。

7.2.6 空间矢量PWM控制 C类考点

空间矢量PWM控制技术广泛运用于变频器中，驱动交流电机时，使电机的磁链成为圆形的旋转磁场，从而使电机产生恒定的电磁转矩。三相电压型桥式逆变电路，采用180°导通方式，共有8种工作状态，即V6、V1、V2通，V1、V2、V3通，V2、V3、V4通，V3、V4、V5通，V4、V5、V6通，V5、V6、V1通，以及V1、V3、V5通和V2、V4、V6通，用"1"表示每相上桥臂开关导通，用"0"表示下桥臂开关导通，则上述8种工作状态可依次表示为 100、110、010、011、001、101 以及 111 和 000。前 6 种状态有输出电压，属有效工作状态，而后两种全部是上管通或下管通，没有输出电压，称之为零工作状态，故对于这种基本的逆变器，称之为 6 拍逆变器。

7.2.7　PWM 逆变电路的多重化　C 类考点

与一般逆变电路一样，大容量 PWM 逆变电路也可以采用多重化术来减少谐波。采用 PWM 技术，理论上可以不产生低次谐波，因此在构成 PWM 多重化逆变电路时，一般不再以减少低次谐波为目的，而是为了提高等效开关频率，减少开关损耗，减少和载波有关的谐波分量。

PWM 逆变电路多重化连接方式有变压器方式和电抗器方式。图 7-7 是利用电抗器连接的二重 PWM 逆变电路的例子，电路的输出从电抗器中心抽头处引出。图中两个单元逆变电路的载波信号相互错开 180°。输出线电压共有 0、$(\pm 1/2) U_d$、$\pm U_d$ 共 5 个电平，比非多重化时谐波有所减少。

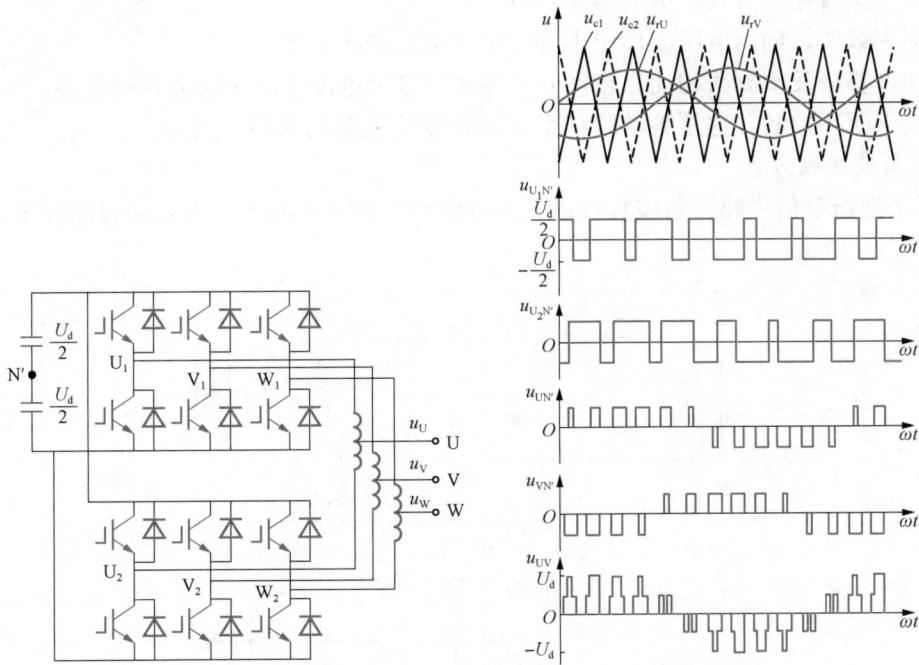

图 7-7　多重 PWM 逆变电路原理图及输出波形

7.2.8　跟踪控制方法　C 类考点

[概念]

把希望输出的电流或电压波形作为指令信号，把实际电流或电压波形作为反馈信号，通过两者的瞬时值比较来决定逆变电路各功率开关器件的通断，使实际的输出跟踪指令信号变化。

[分类]

跟踪控制法中常用的有滞环比较方式和三角波比较方式。

1. 滞环比较方式

跟踪型 PWM 变流电路中，电流跟踪控制应用最多。图 7-8 给出了采用滞环比较方式的 PWM 电流跟踪控制单相半桥式逆变电路原理图及指令电流和输出电流波形。

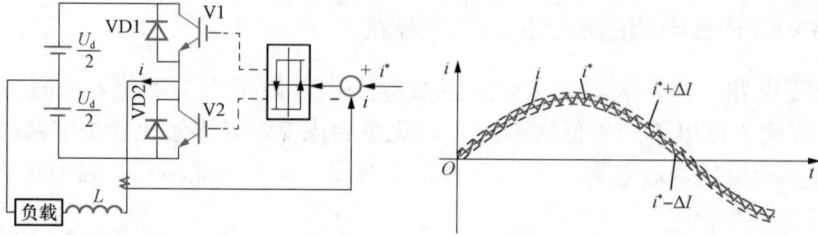

图 7-8　滞环比较方式的原理图及指令电流和输出电流

采用滞环比较方式的电流跟踪型 PWM 变流电路有如下特点：

1）硬件电路简单。

2）属于实时控制方式，电流响应快。

3）不用载波，输出电压波形中不含特定频率的谐波分量。

4）和计算法及调制法相比，相同开关频率时输出电流中高次谐波含量较多。

5）属于闭环控制，这是各种跟踪型 PWM 变流电路的共同特点。

2. 三角波比较方式

并不是把指令信号和三角波直接进行比较而产生 PWM 波形，而是通过闭环来进行控制的，如图 7-9 所示。

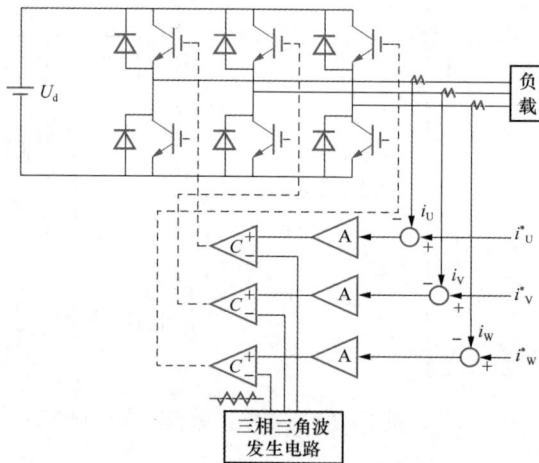

图 7-9　三角波比较方式电流跟踪型逆变电路

采用三角波比较控制方式的电流跟踪型 PWM 变流电路有如下特点：

1）三角波比较控制方式中，功率开关器件的开关频率是一定的，即等于载波频率，这给高频滤波器的设计带来方便。

2）为了改善输出电压波形，三角波载波常用三相三角波信号。

3）和滞环比较控制方式相比，这种控制方式输出电流所含的谐波少，因此常用于对谐波和噪声要求严格的场合。

习题

1. （单选题）单相桥式逆变电路，采用单极性 PWM 控制方式，则在调制信号 u_r 的正半周期内，负载电压的 PWM 波由（　　）种电平组成。

　　A. 2　　　　　　　B. 3　　　　　　　C. 4　　　　　　　D. 5

2. （判断题）正弦波调制的三相 PWM 逆变电路，直流侧电压为 U_d，在调制度为 1 时，输出线电压的基波有效值为 $0.78U_d$。（　　）

　　A. 正确　　　　　B. 错误

3. （单选题）若增大 SPWM 逆变器的输出电压的基波幅值，可采用的控制方法是（　　）。

　　A. 增大三角波幅度　　　　　　　B. 增大三角波频率

　　C. 增大正弦调制波频率　　　　　D. 增大正弦调制波幅度

4. （单选题）对于三相 PWM 逆变电路，不用正弦波，而是采用（　　）作为调制信号时，可以有效提高直流电压的利用率。

　　A. 三角波　　　　　　　　　　　B. 梯形波

　　C. 锯齿波　　　　　　　　　　　D. 矩形波

5. （单选题）SPWM 波形的特点是（　　）。

　　A. 脉冲的宽度按正弦规律变化　　B. 脉冲的幅值按正弦规律变化

　　C. 脉冲的频率按正弦规律变化　　D. 脉冲的周期按正弦规律变化

6. （单选题）双极性调制三相桥式 PWM 逆变电路，输出线电压的 PWM 波由（　　）构成。

　　A. $\pm U_d$ 两种电平

　　B. $\pm U_d$ 和 0 三种电平

　　C. $(\pm 2/3)\,U_d$、$(\pm 1/3)\,U_d$ 四种电平

　　D. $(\pm 2/3)\,U_d$、$(\pm 1/3)\,U_d$ 和 0 五种电平

7. （单选题）单极性 PWM 控制方式的单相桥式逆变电路如图 7-3 所示，在调制信号 u_r 的正半周，控制规律为（　　）。

　　A. V1 保持通态，V2 保持断态，V3 和 V4 交替通断

　　B. V3 保持通态，V4 保持断态，V1 和 V2 交替通断

　　C. V1 和 V4 保持通态，V2 和 V3 保持断态

　　D. V1 和 V4 保持断态，V2 和 V3 保持通态

8. （单选题）双极性调制三相桥式 PWM 逆变电路，输出相电压的 PWM 波由（　　）构成。

　　A. $\pm U_d$ 两种电平

　　B. $\pm U_d$ 和 0 三种电平

　　C. $(\pm 2/3)\,U_d$、$(\pm 1/3)\,U_d$ 四种电平

　　D. $(\pm 2/3)\,U_d$、$(\pm 1/3)\,U_d$ 和 0 五种电平

9. （多选题）PWM 在异步调制方式中，通常保持载波频率 f_c 固定不变，则（　　）。

　　A. 当信号波频率 f_r 变化时，载波比 N 是变化的

B. 在信号波的半个周期内，PWM 波的脉冲个数不固定

C. 当信号波频率 f_r 较低时，载波比 N 较大

D. 当信号波频率 f_r 增高时，载波比 N 减小

10. （判断题）在采用异步调制方式时，希望采用较低的载波频率，以使在信号波频率较高时仍能保持较大的载波比。（　　）

　　A. 正确　　　　　　B. 错误

11. （判断题）在三相 PWM 逆变电路中，通常公用一个三角波载波，且取载波比 N 为 3 的整数倍，以使三相输出波形严格对称。同时，为了使一相的 PWM 波正负半周镜对称，N 应取奇数。（　　）

　　A. 正确　　　　　　　B. 错误

12. （判断题）分段同步调制的方法是把逆变电路的载波范围划分成若干个频段，每个频段内都保持载波比 N 为恒定，不同频段的载波比不同。（　　）

　　A. 正确　　　　B. 错误

13. （多选题）关于分段同步调制方式的说法，正确的是（　　）。

　　A. 在调制信号频率低的频段采用较低的载波比

　　B. 在调制信号频率高的频段采用较高的载波比

　　C. 在调制信号频率低的频段采用较高的载波比

　　D. 在调制信号频率高的频段采用较低的载波比

14. （多选题）单相桥式 PWM 逆变电路在双极性调制方式下，关于输出电压的 PWM 波，叙述错误的是（　　）。

　　A. 不含有低次谐波

　　B. 只含有角频率为 ω_r 及其附近的谐波，以及 $2\omega_r$、$3\omega_r$ 等及其附近的谐波

　　C. 幅值最高、影响最大的是角频率为 ω_r 的谐波分量

　　D. 所含的主要谐波的频率要比基波频率高得多，是很容易滤除的

15. （多选题）单相桥式 PWM 逆变电路如图 7-1 所示，采用单极性调制方式时，在调制信号 u_r 的正半周，导通的器件可能是（　　）。

　　A. V1 和 V4　　　　　　　　B. V2 和 V3

　　C. V1 和 VD3　　　　　　　　D. VD1 和 VD4

16. （多选题）关于大容量 PWM 逆变电路的多重化，叙述正确的是（　　）。

　　A. 一般不再以减少低次谐波为目的

　　B. 为了提高等效开关频率

　　C. 减少开关损耗

　　D. 减少和载波有关的谐波分量

17. （多选题）单相桥式 PWM 逆变电路如图 7-1 所示，采用双极性调制方式时，在调制信号 u_r 的正半周，导通的器件可能是（　　）。

　　A. V1 和 V4　　　　　　　　B. V2 和 V3

　　C. V1 和 VD3　　　　　　　　D. VD1 和 VD4

参 考 文 献

［1］王兆安，刘进军．电力电子技术［M］．5版．北京：机械工业出版社，2009.

［2］刘进军，王兆安．电力电子技术［M］．6版．北京：机械工业出版社，2022.

［3］石新春，王毅，孙丽玲．电力电子技术［M］．2版．北京：中国电力出版社，2013.

［4］徐德鸿，马皓，汪槱生．电力电子技术［M］．北京：科学出版社，2006.

［5］贺益康，潘再平．电力电子技术［M］．3版．北京：科学出版社，2024.

［6］张兴，黄海宏．电力电子技术［M］．3版．北京：中国电力出版社，2023.

［7］阮新波．电力电子技术［M］．北京：机械工业出版社，2021.

［8］任国海，付艳清．电力电子技术［M］．北京：科学出版社，2018.

［9］郑征，朱艺锋．电力电子技术［M］．北京：中国电力出版社，2023.